Rechenbuch für Vorschulen.

In drei Heften

herausgegeben von

J. Augsburger,

Lehrer am Königl. Luisen-Gymnasium zu Berlin.

Heft III.

Mündliche und schriftliche Übungen im unbegrenzten Zahlenraum.
Resolvieren und Reduzieren.

Sechste Auflage.

Berlin W. 35.

Druck und Verlag von Georg Reimer.

1905.

Preis 50 Pf.

Rechenbuch für Vorschulen.

In drei Heften

herausgegeben

von

J. Augsburger,

Lehrer am Königl. Luisen-Gymnasium zu Berlin.

Heft III.

Mündliche und schriftliche Übungen im unbegrenzten Zahlenraum.
Resolvieren und Reduzieren.

Sechste Auflage.

Berlin, 1905.

Druck und Verlag von Georg Reimer.

Der Zahlenkreis von 1 bis 1000 und der unbegrenzte Zahlenkreis.

Aufgaben für das mündliche Rechnen.

I. Addition und Subtraktion.

1. Stufe.

Addition.

Beispiele:

	1)	2)
Aufgabe:	308 + 405 = ?	503 + 260 = ?
Lösung:	308 + 400 = 708	503 + 200 = 703
	708 + 5 = 713	703 + 60 = 763
folglich:	308 + 405 = 713	503 + 260 = 763

1.	2.	3.	4.
108 + 106 =	105 + 305 =	107 + 209 =	308 + 206 =
104 + 109 =	704 + 209 =	206 + 708 =	105 + 109 =
203 + 107 =	307 + 204 =	509 + 304 =	207 + 504 =
209 + 208 =	509 + 206 =	304 + 207 =	606 + 107 =
305 + 607 =	806 + 107 =	607 + 109 =	307 + 405 =
406 + 205 =	109 + 604 =	208 + 506 =	703 + 109 =
507 + 403 =	608 + 206 =	404 + 208 =	209 + 707 =
208 + 309 =	207 + 404 =	601 + 109 =	106 + 608 =
804 + 108 =	405 + 507 =	302 + 508 =	808 + 105 =
609 + 307 =	506 + 209 =	706 + 106 =	309 + 407 =

5.	6.	7.	8.
206 + 130 =	607 + 360 =	150 + 206 =	301 + 460 =
405 + 260 =	306 + 110 =	230 + 304 =	270 + 304 =
307 + 630 =	704 + 270 =	170 + 403 =	505 + 170 =
501 + 290 =	108 + 340 =	720 + 107 =	340 + 206 =
708 + 140 =	507 + 230 =	440 + 205 =	502 + 320 =
609 + 250 =	209 + 480 =	360 + 501 =	190 + 309 =
207 + 320 =	803 + 110 =	240 + 608 =	203 + 540 =
308 + 240 =	408 + 480 =	890 + 109 =	740 + 104 =
604 + 190 =	304 + 370 =	560 + 204 =	307 + 260 =
505 + 210 =	605 + 150 =	730 + 202 =	820 + 108 =

Beispiel:

340 + 250 = ?

340 + 200 = 540
540 + 50 = 590

340 + 250 = 590

1.	2.	3.	4.
160 + 130 =	230 + 420 =	170 + 310 =	350 + 230 =
150 + 120 =	240 + 130 =	240 + 530 =	680 + 110 =
130 + 150 =	130 + 610 =	410 + 270 =	530 + 260 =
210 + 170 =	570 + 220 =	340 + 320 =	320 + 340 =
250 + 230 =	340 + 440 =	630 + 110 =	170 + 220 =
310 + 450 =	610 + 170 =	210 + 360 =	450 + 330 =
670 + 220 =	460 + 230 =	560 + 430 =	640 + 150 =
480 + 510 =	220 + 460 =	430 + 310 =	220 + 670 =
240 + 350 =	560 + 210 =	650 + 220 =	830 + 140 =
520 + 130 =	260 + 320 =	540 + 330 =	120 + 360 =

Subtraktion.

Beispiel:

817 — 308 = ?

817 — 300 = 517
517 — 8 = 509

817 — 308 = 509

5.	6.	7.	8.
416 — 209 =	749 — 409 =	312 — 107 =	615 — 209 =
815 — 407 =	874 — 504 =	738 — 408 =	257 — 107 =
712 — 208 =	228 — 108 =	811 — 404 =	911 — 604 =
917 — 609 =	573 — 203 =	673 — 303 =	329 — 109 =
211 — 104 =	319 — 109 =	316 — 207 =	613 — 207 =
314 — 206 =	483 — 203 =	983 — 603 =	776 — 406 =
513 — 105 =	666 — 406 =	512 — 305 =	518 — 309 =
415 — 309 =	947 — 707 =	448 — 308 =	844 — 604 =
912 — 707 =	556 — 306 =	216 — 107 =	217 — 108 =
614 — 308 =	279 — 109 =	823 — 603 =	954 — 704 =

Beispiel:

780 — 350 = ?

780 — 300 = 480
480 — 50 = 430

780 — 350 = 430

1.	2.	3.	4.
250 — 130 =	590 — 260 =	380 — 240 =	950 — 420 =
370 — 160 =	760 — 620 =	990 — 810 =	760 — 310 =
860 — 420 =	280 — 130 =	460 — 240 =	340 — 110 =
540 — 210 =	950 — 740 =	780 — 450 =	680 — 560 =
660 — 330 =	430 — 210 =	270 — 160 =	290 — 120 =
790 — 560 =	870 — 550 =	530 — 210 =	960 — 640 =
480 — 230 =	450 — 220 =	890 — 660 =	590 — 380 =
850 — 720 =	680 — 370 =	470 — 140 =	640 — 220 =
390 — 270 =	960 — 450 =	980 — 630 =	770 — 460 =
640 — 410 =	350 — 140 =	730 — 410 =	930 — 610 =

2. Stufe.

Addition.

Beispiele:

1) 436 + 240 = ?
436 + 200 = 636
636 + 40 = 676
436 + 240 = 676

2) 230 + 359 = ?
230 + 300 = 530
530 + 50 = 580
580 + 9 = 589
230 + 359 = 589

3) 247 + 323 = ?
247 + 300 = 547
547 + 20 = 567
567 + 3 = 570
247 + 323 = 570

4) 448 + 329 = ?
448 + 300 = 748
748 + 20 = 768
768 + 9 = 777
448 + 329 = 777

5.	6.	7.	8.
135 + 160 =	340 + 225 =	240 + 436 =	145 + 204 =
241 + 350 =	220 + 456 =	129 + 250 =	234 + 102 =
329 + 430 =	730 + 166 =	370 + 429 =	361 + 406 =
516 + 270 =	450 + 218 =	452 + 330 =	233 + 205 =
423 + 240 =	330 + 341 =	560 + 112 =	656 + 303 =
851 + 130 =	420 + 256 =	223 + 460 =	414 + 201 =
667 + 320 =	810 + 137 =	740 + 251 =	872 + 107 =
148 + 350 =	540 + 211 =	416 + 230 =	323 + 304 =
317 + 230 =	350 + 425 =	820 + 156 =	645 + 203 =
579 + 120 =	410 + 269 =	769 + 220 =	287 + 501 =

9.	10.	11.	12.
305 + 132 =	802 + 116 =	143 + 134 =	462 + 316 =
601 + 168 =	204 + 344 =	224 + 235 =	716 + 142 =
406 + 242 =	705 + 221 =	451 + 118 =	534 + 244 =
503 + 475 =	301 + 398 =	347 + 421 =	256 + 432 =
107 + 252 =	404 + 213 =	875 + 123 =	733 + 156 =

1.	2.	3.	4.
203 + 147 =	201 + 179 =	236 + 104 =	616 + 204 =
405 + 225 =	602 + 348 =	367 + 403 =	252 + 608 =
307 + 333 =	308 + 162 =	415 + 205 =	423 + 107 =
706 + 164 =	409 + 441 =	739 + 101 =	514 + 406 =
504 + 236 =	703 + 177 =	561 + 309 =	748 + 202 =

5.	6.	7.	8.
124 + 236 =	134 + 208 =	205 + 237 =	245 + 129 =
219 + 441 =	228 + 107 =	309 + 126 =	137 + 316 =
435 + 155 =	365 + 406 =	806 + 119 =	258 + 235 =
748 + 132 =	559 + 204 =	405 + 286 =	634 + 127 =
362 + 418 =	746 + 108 =	608 + 325 =	516 + 218 =
811 + 129 =	428 + 305 =	107 + 216 =	328 + 346 =
553 + 237 =	639 + 207 =	509 + 244 =	445 + 227 =
627 + 163 =	575 + 408 =	606 + 128 =	827 + 119 =
246 + 524 =	317 + 304 =	305 + 249 =	274 + 418 =
351 + 319 =	829 + 105 =	707 + 137 =	628 + 233 =

Subtraktion.

Beispiele:

1) 579 — 340 = ?

579 — 300 = 279
279 — 40 = 239

579 — 340 = 239

2) 668 — 425 = ?

668 — 400 = 268
268 — 20 = 248
248 — 5 = 243

668 — 425 = 243

3) 790 — 537 = ?

790 — 500 = 290
290 — 30 = 260
260 — 7 = 253

790 — 537 = 253

4) 482 — 258 = ?

482 — 200 = 282
282 — 50 = 232
232 — 8 = 224

482 — 258 = 224

9.	10.	11.	12.
293 — 160 =	238 — 105 =	287 — 134 =	780 — 308 =
548 — 320 =	359 — 207 =	659 — 325 =	690 — 406 =
769 — 450 =	837 — 406 =	396 — 283 =	230 — 103 =
337 — 110 =	649 — 504 =	944 — 612 =	470 — 209 =
473 — 360 =	774 — 602 =	428 — 116 =	750 — 604 =
851 — 630 =	418 — 205 =	567 — 425 =	580 — 305 =
695 — 270 =	597 — 104 =	378 — 167 =	320 — 107 =
368 — 150 =	364 — 202 =	855 — 533 =	990 — 709 =
754 — 420 =	739 — 506 =	637 — 415 =	670 — 402 =
389 — 160 =	876 — 404 =	399 — 234 =	430 — 208 =

1.	2.	3.	4.
940 — 624 =	486 — 208 =	352 — 139 =	648 — 107 =
780 — 436 =	875 — 607 =	764 — 527 =	934 — 722 =
470 — 218 =	732 — 405 =	575 — 248 =	390 — 206 =
650 — 325 =	264 — 106 =	983 — 736 =	680 — 414 =
290 — 169 =	743 — 509 =	227 — 119 =	533 — 308 =
530 — 217 =	325 — 107 =	694 — 455 =	796 — 529 =
880 — 156 =	687 — 408 =	332 — 214 =	367 — 104 =
360 — 245 =	944 — 705 =	885 — 668 =	248 — 125 =
770 — 525 =	275 — 109 =	752 — 223 =	640 — 307 =
250 — 123 =	861 — 504 =	964 — 548 =	975 — 608 =

3. Stufe.

Addition.

Beispiele:

1) 70 + 80 = ?

70 + 30 = 100
100 + 50 = 150

70 + 80 = 150

2) 360 + 490 = ?

360 + 400 = 760
760 + 90 = 850

360 + 490 = 850

5.	6.	7.	8.
30 + 80 =	80 + 50 =	140 + 60 =	170 + 60 =
70 + 60 =	40 + 80 =	270 + 30 =	280 + 50 =
40 + 90 =	50 + 90 =	450 + 50 =	740 + 90 =
60 + 60 =	70 + 70 =	760 + 40 =	390 + 70 =
20 + 90 =	80 + 40 =	320 + 80 =	560 + 80 =
60 + 90 =	60 + 70 =	610 + 90 =	870 + 40 =
50 + 80 =	90 + 50 =	980 + 20 =	660 + 90 =
40 + 70 =	30 + 90 =	530 + 70 =	480 + 30 =
60 + 80 =	80 + 60 =	790 + 10 =	750 + 60 =
70 + 90 =	60 + 50 =	370 + 30 =	840 + 80 =

9.	10.	11.	12.
560 + 70 =	360 + 50 =	130 + 180 =	260 + 480 =
370 + 80 =	580 + 70 =	250 + 580 =	170 + 350 =
890 + 50 =	790 + 20 =	360 + 260 =	540 + 270 =
450 + 60 =	250 + 90 =	480 + 190 =	750 + 190 =
760 + 70 =	870 + 60 =	270 + 480 =	180 + 490 =
280 + 90 =	640 + 80 =	150 + 160 =	370 + 380 =
860 + 50 =	190 + 30 =	590 + 240 =	660 + 270 =
590 + 30 =	860 + 70 =	370 + 180 =	490 + 120 =
160 + 60 =	350 + 90 =	680 + 290 =	280 + 540 =
380 + 50 =	270 + 40 =	160 + 450 =	760 + 170 =

Subtraktion.

Beispiele:

1) 160 — 90 = ?
160 — 60 = 100
100 — 30 = 70
160 — 90 = 70

2) 550 — 380 = ?
550 — 300 = 250
250 — 80 = 170
550 — 380 = 170

1.	2.	3.	4.
100 — 70 =	100 — 40 =	150 — 60 =	240 — 80 =
200 — 50 =	400 — 70 =	130 — 70 =	420 — 90 =
400 — 60 =	700 — 50 =	110 — 30 =	750 — 70 =
300 — 90 =	900 — 80 =	160 — 80 =	370 — 80 =
700 — 60 =	300 — 20 =	140 — 50 =	810 — 70 =
1000 — 40 =	500 — 40 =	120 — 70 =	540 — 50 =
600 — 10 =	1000 — 90 =	170 — 90 =	250 — 80 =
500 — 30 =	600 — 30 =	150 — 80 =	630 — 50 =
800 — 80 =	200 — 70 =	180 — 90 =	340 — 70 =
900 — 20 =	800 — 60 =	120 — 40 =	810 — 90 =

5.	6.	7.	8.
230 — 60 =	250 — 170 =	240 — 160 =	740 — 370 =
820 — 40 =	760 — 490 =	550 — 370 =	310 — 160 =
350 — 90 =	310 — 130 =	830 — 540 =	850 — 590 =
740 — 50 =	530 — 250 =	710 — 180 =	230 — 180 =
210 — 30 =	950 — 780 =	230 — 150 =	420 — 240 =
830 — 60 =	440 — 160 =	620 — 290 =	860 — 580 =
440 — 80 =	820 — 430 =	510 — 230 =	550 — 160 =
610 — 20 =	730 — 270 =	220 — 140 =	280 — 190 =
320 — 40 =	210 — 140 =	840 — 470 =	640 — 470 =
530 — 90 =	660 — 380 =	750 — 260 =	910 — 830 =

4. Stufe.

Addition.

Beispiele:

1) 70 + 58 = ?
70 + 50 = 120
120 + 8 = 128
70 + 58 = 128

2) 440 + 295 = ?
440 + 200 = 640
640 + 90 = 730
730 + 5 = 735
440 + 295 = 735

9.	10.	11.	12.
80 + 74 =	340 + 89 =	670 + 57 =	60 + 83 =
150 + 68 =	90 + 48 =	30 + 94 =	560 + 78 =
70 + 53 =	450 + 63 =	280 + 36 =	90 + 29 =
290 + 85 =	50 + 84 =	70 + 65 =	840 + 94 =
60 + 77 =	580 + 92 =	790 + 42 =	50 + 77 =

1.	2.	3.	4.
340 + 179 =	150 + 282 =	168 + 290 =	357 + 260 =
670 + 245 =	370 + 448 =	384 + 440 =	666 + 180 =
280 + 331 =	580 + 143 =	752 + 180 =	495 + 450 =
160 + 468 =	290 + 555 =	291 + 330 =	268 + 370 =
790 + 126 =	660 + 273 =	564 + 270 =	372 + 150 =

Subtraktion.

Beispiele:

1) 447 — 70 = ?
440 — 70 = 370
370 + 7 = 377
447 — 70 = 377*)

2) 559 — 290 = ?
559 — 200 = 359
359 — 90 = 269
559 — 290 = 269

5.	6.	7.	8.
135 — 60 =	328 — 60 =	345 — 170 =	462 — 180 =
247 — 80 =	112 — 20 =	416 — 240 =	741 — 350 =
561 — 70 =	453 — 70 =	732 — 450 =	327 — 270 =
852 — 90 =	237 — 50 =	258 — 180 =	934 — 360 =
129 — 40 =	713 — 90 =	567 — 390 =	866 — 590 =
376 — 80 =	115 — 30 =	841 — 670 =	257 — 170 =
438 — 50 =	246 — 60 =	629 — 260 =	816 — 630 =
117 — 30 =	779 — 90 =	444 — 180 =	543 — 270 =
923 — 60 =	344 — 80 =	727 — 340 =	778 — 190 =
564 — 90 =	622 — 50 =	236 — 190 =	425 — 150 =

---

5. Stufe.

Addition.

Beispiele:

1) 78 + 56 = ?
78 + 50 = 128
128 + 6 = 134
78 + 56 = 134

2) 365 + 85 = ?
365 + 80 = 445
445 + 5 = 450
365 + 85 = 450

3) 248 + 486 = ?
248 + 400 = 648
648 + 80 = 728
728 + 6 = 734
248 + 486 = 734

9.	10.	11.	12.
57 + 82 =	29 + 95 =	84 + 64 =	46 + 74 =
43 + 97 =	41 + 86 =	27 + 92 =	54 + 83 =
78 + 46 =	87 + 43 =	53 + 87 =	66 + 52 =
65 + 73 =	68 + 57 =	75 + 59 =	83 + 37 =
82 + 58 =	92 + 34 =	81 + 44 =	37 + 91 =

*) Andere Lösung: 70 = 47 + 23; 447 — 47 = 400, 400 — 23 = 377.

1.

55 + 81 =
48 + 92 =
79 + 58 =
63 + 65 =
77 + 43 =

2.

58 + 76 =
36 + 83 =
74 + 66 =
88 + 55 =
93 + 84 =

3.

62 + 76 =
88 + 32 =
75 + 46 =
41 + 83 =
66 + 74 =

4.

58 + 69 =
32 + 96 =
55 + 75 =
86 + 68 =
49 + 82 =

5.

93 + 26 =
85 + 17 =
76 + 53 =
62 + 58 =
46 + 79 =
94 + 18 =
75 + 76 =
83 + 64 =
57 + 58 =
32 + 79 =

6.

72 + 35 =
86 + 16 =
59 + 68 =
67 + 76 =
83 + 92 =
95 + 14 =
46 + 68 =
72 + 46 =
93 + 76 =
84 + 19 =

7.

89 + 68 =
73 + 46 =
58 + 77 =
93 + 29 =
76 + 45 =
88 + 18 =
66 + 72 =
38 + 69 =
59 + 82 =
83 + 39 =

8.

66 + 95 =
59 + 58 =
96 + 16 =
87 + 27 =
46 + 59 =
78 + 43 =
69 + 32 =
51 + 93 =
66 + 45 =
49 + 72 =

9.

239 + 76 =
358 + 89 =
796 + 44 =
382 + 59 =
876 + 74 =
169 + 53 =
476 + 83 =
548 + 66 =
639 + 79 =
256 + 83 =

10.

789 + 36 =
374 + 75 =
568 + 59 =
759 + 64 =
831 + 79 =
248 + 58 =
459 + 86 =
684 + 95 =
835 + 76 =
396 + 28 =

11.

135 + 82 =
456 + 74 =
528 + 96 =
771 + 54 =
362 + 78 =
245 + 85 =
679 + 48 =
867 + 52 =
184 + 36 =
278 + 58 =

12.

268 + 91 =
574 + 86 =
345 + 79 =
884 + 43 =
469 + 81 =
736 + 96 =
582 + 55 =
697 + 63 =
278 + 49 =
443 + 76 =

13.

146 + 172 =
258 + 282 =
376 + 148 =
564 + 263 =
482 + 358 =
197 + 435 =
676 + 183 =
251 + 379 =
488 + 236 =
793 + 144 =

14.

394 + 166 =
147 + 388 =
576 + 243 =
358 + 275 =
683 + 154 =
277 + 463 =
791 + 174 =
435 + 385 =
158 + 279 =
536 + 194 =

15.

278 + 449 =
354 + 276 =
168 + 351 =
435 + 286 =
769 + 178 =
534 + 385 =
262 + 498 =
398 + 126 =
676 + 283 =
458 + 268 =

16.

536 + 289 =
171 + 458 =
387 + 593 =
246 + 356 =
459 + 478 =
698 + 129 =
741 + 164 =
355 + 477 =
582 + 294 =
166 + 348 =

Subtraktion.

Beispiele:

1) 156 — 79 = ?
156 — 70 = 86
86 — 9 = 77
156 — 79 = 77

2) 462 — 288 = ?
462 — 200 = 262
262 — 80 = 182
182 — 8 = 174
462 — 288 = 174

1.	2.	3.	4.
159 — 64 =	150 — 84 =	237 — 65 =	570 — 88 =
155 — 83 =	130 — 42 =	348 — 76 =	330 — 64 =
128 — 44 =	180 — 96 =	454 — 81 =	750 — 77 =
146 — 73 =	160 — 85 =	836 — 45 =	410 — 45 =
179 — 97 =	120 — 37 =	625 — 52 =	660 — 92 =
125 — 32 =	140 — 69 =	319 — 34 =	320 — 36 =
139 — 75 =	170 — 88 =	768 — 94 =	950 — 81 =
138 — 84 =	110 — 51 =	535 — 72 =	240 — 64 =
164 — 92 =	150 — 72 =	866 — 83 =	510 — 32 =
149 — 58 =	160 — 93 =	218 — 54 =	870 — 89 =

5.	6.	7.	8.
125 — 49 =	435 — 88 =	326 — 154 =	438 — 186 =
243 — 78 =	718 — 49 =	735 — 483 =	863 — 392 =
664 — 97 =	251 — 73 =	254 — 172 =	355 — 171 =
317 — 39 =	545 — 87 =	618 — 425 =	776 — 484 =
924 — 56 =	322 — 66 =	942 — 561 =	515 — 233 =

9.	10.	11.	12.
450 — 276 =	532 — 168 =	922 — 436 =	624 — 296 =
320 — 143 =	471 — 189 =	318 — 149 =	512 — 133 =
740 — 357 =	313 — 135 =	713 — 398 =	545 — 297 =
230 — 168 =	924 — 557 =	823 — 625 =	353 — 168 =
550 — 375 =	636 — 268 =	444 — 169 =	764 — 377 =
910 — 638 =	452 — 173 =	832 — 274 =	925 — 438 =
640 — 551 =	817 — 649 =	576 — 388 =	417 — 219 =
330 — 162 =	766 — 188 =	681 — 477 =	543 — 386 =
460 — 284 =	554 — 296 =	262 — 188 =	634 — 497 =
250 — 195 =	723 — 345 =	927 — 649 =	811 — 533 =

6. Stufe.

Addition.

Beispiele:

1)	2)
600 + 900 = ?	780 + 970 = ?
600 + 400 = 1000	780 + 900 = 1680
1000 + 500 = 1500	1680 + 70 = 1750
600 + 900 = 1500	780 + 970 = 1750

1.	2.	3.	4.
300 + 800 =	400 + 820 =	730 + 800 =	940 + 700 =
500 + 700 =	700 + 470 =	680 + 600 =	600 + 840 =
900 + 300 =	300 + 840 =	950 + 400 =	720 + 400 =
600 + 900 =	500 + 610 =	570 + 700 =	400 + 960 =
400 + 800 =	900 + 960 =	890 + 300 =	880 + 600 =
700 + 400 =	600 + 730 =	460 + 900 =	500 + 740 =
900 + 700 =	800 + 550 =	750 + 600 =	760 + 500 =
800 + 600 =	400 + 870 =	990 + 300 =	800 + 590 =
500 + 800 =	900 + 340 =	670 + 700 =	630 + 700 =
700 + 700 =	700 + 580 =	560 + 800 =	700 + 910 =

5.	6.	7.	8.
950 + 320 =	630 + 870 =	570 + 750 =	850 + 580 =
760 + 530 =	480 + 720 =	630 + 890 =	760 + 460 =
820 + 450 =	750 + 850 =	960 + 560 =	370 + 790 =
440 + 820 =	960 + 440 =	450 + 780 =	540 + 870 =
630 + 730 =	570 + 930 =	880 + 930 =	980 + 630 =
920 + 260 =	880 + 520 =	790 + 550 =	670 + 750 =
550 + 840 =	930 + 370 =	560 + 860 =	350 + 960 =
380 + 910 =	470 + 830 =	940 + 380 =	590 + 620 =
730 + 560 =	340 + 960 =	370 + 970 =	780 + 950 =
910 + 670 =	580 + 620 =	780 + 640 =	870 + 780 =

Subtraktion.

Beispiele:

1)	2)
1700 — 900 = ?	1530 — 870 = ?
1700 — 700 = 1000	1530 — 800 = 730
1000 — 200 = 800	730 — 70 = 660
1700 — 900 = 800	1530 — 870 = 660

1.	2.	3.
1200 — 500 =	1350 — 600 =	1450 — 650 =
1700 — 900 =	1470 — 800 =	1530 — 930 =
1100 — 700 =	1130 — 400 =	1870 — 970 =
1400 — 600 =	1780 — 900 =	1580 — 780 =
1800 — 900 =	1520 — 700 =	1140 — 440 =
1400 — 700 =	1670 — 800 =	1860 — 960 =
1300 — 400 =	1230 — 500 =	1120 — 520 =
1200 — 800 =	1480 — 600 =	1290 — 790 =
1100 — 600 =	1160 — 300 =	1650 — 850 =
1200 — 900 =	1590 — 900 =	1430 — 730 =

4.	5.	6.
1500 — 830 =	1270 — 850 =	1320 — 570 =
1300 — 470 =	1790 — 930 =	1140 — 460 =
1100 — 390 =	1160 — 420 =	1450 — 790 =
1600 — 940 =	1480 — 760 =	1260 — 680 =
1200 — 560 =	1750 — 810 =	1610 — 960 =
1400 — 810 =	1390 — 570 =	1330 — 870 =
1700 — 930 =	1540 — 620 =	1520 — 740 =
1500 — 620 =	1460 — 950 =	1740 — 980 =
1800 — 990 =	1630 — 810 =	1120 — 350 =
1600 — 850 =	1250 — 530 =	1630 — 870 =

Aufgaben für das schriftliche Rechnen.

Lesen und Schreiben der Zahlen im unbegrenzten Zahlenkreise.

10 Einer = 1 Zehner = ... 10
10 Zehner = 1 Hunderter = ... 100
10 Hunderter = 1 Tausender = ... 1 000
10 Tausender = 1 Zehntausender = ... 10 000
10 Zehntausender = 1 Hunderttausender = . . 100 000
10 Hunderttausender = 1 Millioner = ... 1 000 000
10 Millioner = 1 Zehnmillioner = ... 10 000 000
10 Zehnmillioner = 1 Hundertmillioner = . 100 000 000
10 Hundertmillioner = 1 Tausendmillioner = 1 000 000 000

Die	Einer (E)	stehen	in	der	1sten	Stelle					
„	Zehner (Z)	„	„	„	2 ten	„	von	rechts	nach	links	
„	Hunderter (H) . . .	„	„	„	3 ten	„	„	„	„	„	
„	Tausender (T) . . .	„	„	„	4 ten	„	„	„	„	„	
„	Zehntausender (ZT) .	„	„	„	5 ten	„	„	„	„	„	
„	Hunderttausender (HT)	„	„	„	6 ten	„	„	„	„	„	
„	Millioner (M) . . .	„	„	„	7 ten	„	„	„	„	„	
„	Zehnmillioner (ZM) .	„	„	„	8 ten	„	„	„	„	„	
„	Hundertmillioner (HM)	„	„	„	9 ten	„	„	„	„	„	
„	Tausendmillioner (TM)	„	„	„	10 ten	„	„	„	„	„	

TM	HM	ZM	M	HT	ZT	T	H	Z	E
10	9	8	7	6	5	4	3	2	1
						5	7	2	8
					1	4	8	9	3
				1	4	2	7	8	4

In vorstehendes Schema werden die folgenden Zahlen eingetragen, nachdem sie vorher zerlegt und gelesen worden; z. B.:

5 728 = 5 T, 7 H, 2 Z, 8 E.

1.	2.	3.	4.	5.
5 728	7 039	14 893	20 340	142 784
7 964	6 094	57 236	80 066	237 950
3 570	2 085	91 680	70 000	528 600
6 780	3 007	55 800	30 074	450 000
9 900	8 005	21 906	10 203	700 000
7 600	5 090	43 007	33 040	385 308
5 806	9 000	60 384	92 935	926 005
2 109	4 006	50 607	40 700	813 070
4 800	7 015	40 080	80 036	640 039
7 990	8 762	51 601	73 008	200 058

6.	7.	8.	9.
306 062	1 462 783	3 820 306	13 251 896
700 803	5 259 130	4 059 280	26 530 290
680 004	8 730 295	9 300 542	40 708 005
350 256	2 855 000	7 806 004	95 007 308
190 070	7 060 840	6 205 833	51 300 746
820 600	3 000 998	1 007 080	72 958 000
304 009	4 008 070	5 500 209	32 070 408
600 005	9 060 809	2 760 000	89 042 700
309 008	6 900 024	8 375 681	23 704 809
500 070	8 000 900	1 802 749	11 095 003

10.	11.	12.	13.
276 538 924	2 030 700 503	3 008	603 089
560 320 800	9 008 050 086	7 000 628	63 081 543
705 803 904	4 000 000	50 207	150 240 037
100 090 080	57 903	300 084	1 603 408
678 000 432	8 400	277 080 590	10 040
1 964 432 000	306 080	5 700 308	13 233 878
5 170 004 029	15 020 034	66 800	370 209 080
3 528 943 261	107 500	4 070	4 056 309

I. Addition.

1) 5 700*)	2) 3 629	3) 2 700	4) 7 790	5) 2 832
2 890*)	4 853	3 000	4 582	9 466
3 482*)	9 076	5 982	3 009	7 800
5 034	5 007	8 654	4 280	3 040
4 509	2 685	6 102	8 763	5 000
7 008	7 060	3 051	5 954	8 007
9 532	8 530	4 268	6 700	4 249
1 680	4 209	7 690	2 880	1 658
5 426	1 237	9 247	5 299	5 794
8 190	6 041	3 426	3 860	9 808
53 451**)				

6) 2 790 + 8 000 + 2 466 + 5 090 + 7 004 + 1 694 + 5 433 + 2 084 + 7 140 + 9 234 =

7) 7 633 + 5 820 + 4 900 + 6 081 + 2 090 + 4 956 + 3 820 + 9 683 + 3 409 + 7 642 =

8) 5 672 + 7 084 + 9 007 + 3 800 + 2 784 + 8 462 + 4 703 + 2 640 + 7 814 + 4 206 =

9) 2 940 + 5 762 + 8 972 + 4 070 + 8 262 + 9 365 + 7 993 + 2 685 + 6 403 + 7 009 =

10) 8 456 + 9 466 + 7 030 + 6 550 + 8 362 + 4 268 + 9 773 + 1 234 + 6 400 + 7 216 =

11) 8 860 + 2 340 + 7 003 + 4 268 + 7 135 + 3 402 + 2 680 + 2 315 + 6 200 + 1 294 =

12) 5 662 + 1 468 + 7 234 + 5 062 + 6 400 + 7 102 + 2 344 + 7 000 + 8 414 + 6 124 =

13) 3 368 + 1 426 + 2 816 + 3 474 + 7 030 + 2 119 + 7 008 + 5 203 + 9 000 + 7 610 =

14) 9 400 + 3 268 + 9 211 + 2 344 + 1 563 + 5 000 + 2 133 + 7 428 + 5 300 + 1 507 =

15) 7 614 + 8 007 + 3 426 + 9 862 + 4 636 + 7 048 + 2 990 + 5 784 + 3 970 + 5 018 =

16) 13 728	17) 25 813	18) 42 080	19) 10 932
45 818	77 040	73 512	91 468
96 274	50 800	26 909	20 213
22 806	33 659	30 048	47 002
74 005	12 703	67 532	32 804
36 000	85 209	44 819	16 259
57 009	70 033	39 000	55 638
22 818	64 213	72 150	77 400
17 506	96 485	19 831	35 628
28 300	55 207	11 502	12 345

*) Summanden oder Posten. **) Summe.

1) 72 344 + 18 660 + 43 924 + 80 900 + 25 406 + 15 639 + 20 000 + 65 403 + 12 307 + 56 900 =

2) 41 036 + 50 733 + 60 008 + 15 789 + 32 009 + 19 503 + 33 684 + 17 804 + 23 806 + 60 713 =

3) 10 805 + 19 360 + 44 631 + 70 300 + 18 000 + 21 369 + 99 804 + 15 123 + 41 030 + 77 146 =

4) 25 308 + 16 908 + 35 297 + 23 968 + 13 200 + 61 433 + 53 100 + 62 814 + 50 260 + 25 840 =

5) 23 000 + 77 483 + 16 009 + 24 833 + 87 163 + 12 345 + 60 038 + 27 349 + 10 770 + 18 512 =

6) 50 800 + 33 114 + 60 120 + 34 620 + 12 903 + 19 140 + 41 250 + 23 667 + 15 500 + 70 039 =

7) 96 814 + 60 080 + 35 104 + 20 070 + 21 818 + 16 900 + 12 349 + 67 400 + 19 876 + 66 904 =

8) 86 402 + 13 140 + 10 001 + 17 406 + 19 753 + 19 042 + 16 938 + 13 192 + 61 823 + 33 668 =

9) 7 305	10) 5 869	11) 70 340	12) 20 348
159	237	1 520	6
27	6 009	96	495
8	5	377	7 006
35	86	8 613	42
268	3 532	6	98 037
9 470	41	23 975	5 864
706	600	466	73
98	25	80	8
1 207	9	41 039	190

13) 3 740 + 82 + 460 + 9 + 2 307 + 48 + 1 005 + 65 + 489 + 1 299 =

14) 466 + 7 230 + 88 + 5 690 + 7 + 26 + 416 + 6 900 + 659 + 6 =

15) 5 + 199 + 3 700 + 68 + 290 + 5 000 + 673 + 76 + 5 144 + 42 =

16) 91 + 2 794 + 5 + 133 + 5 840 + 6 778 + 400 + 2 + 1 997 + 36 =

17) 4 983 + 2 + 7 600 + 8 + 6 413 + 276 + 3 842 + 11 298 + 16 + 6 508 =

18) 76 + 322 + 8 + 160 + 4 836 + 26 + 5 804 + 296 + 3 568 + 56 =

19) 15 260 + 3 942 + 608 + 18 + 4 + 77 642 + 17 + 60 084 + 9 + 50 206 =

20) 6 180 + 39 + 76 235 + 148 + 7 + 1 884 + 13 + 160 + 85 + 34 809 =

1) 70 492 + 6 418 + 196 + 17 + 3 + 62 406 + 908 + 1 786 + 619 + 65 =

2) 88 + 4 239 + 53 290 + 49 273 + 16 + 6 + 188 + 37 804 + 2 900 + 40 =

3) 46 104 + 126 + 5 038 + 12 + 9 + 930 + 52 + 177 + 59 + 13 259 =

4) 6 + 288 + 54 260 + 81 + 633 + 2 + 4 340 + 19 + 4 833 + 70 944 =

5)	6)	7)	8)
104 260	526 903	219 003	574 862
259 304	169 847	567 986	730 040
506 800	406 043	193 715	192 541
700 090	270 400	847 436	200 368
456 793	135 680	260 080	904 203
260 054	246 914	534 173	116 800
186 409	400 600	703 268	307 418
215 460	870 306	217 844	793 085
919 736	714 200	100 500	138 179
408 090	183 640	648 155	217 483

9) 125 615 + 304 819 + 102 889 + 200 053 + 761 800 + 337 060 + 459 281 + 610 008 + 152 408 + 387 407 =

10) 220 703 + 562 110 + 703 040 + 884 713 + 216 899 + 167 003 + 450 206 + 187 309 + 400 093 + 123 567 =

11) 386 571 + 219 030 + 863 057 + 445 833 + 109 807 + 217 340 + 760 408 + 246 803 + 100 800 + 462 318 =

12) 551 623 + 173 031 + 284 039 + 476 005 + 121 347 + 198 784 + 204 207 + 987 006 + 640 832 + 735 080 =

13) 362 179 + 261 653 + 223 671 + 861 500 + 208 709 + 500 703 + 420 018 + 501 502 + 369 258 + 416 001 =

14) 678 903 + 546 284 + 195 009 + 123 004 + 540 389 + 281 660 + 107 302 + 207 306 + 500 678 + 712 407 =

15) 562 481 + 210 058 + 678 100 + 280 084 + 640 238 + 122 304 + 734 619 + 347 040 + 642 305 + 564 310 =

16) 680 310 + 471 640 + 216 384 + 388 000 + 963 805 + 472 843 + 837 400 + 847 612 + 706 042 + 406 030 =

17)	18)	19)	20)
209 408	49	16 807	200 800
57 053	6 030	204 090	17 635
6 189	107 468	3 245	4 009
704	259	673	681
59	46 300	5	72
3	200 783	49	4
247	9	322 948	35
5 020	354	5 600	206
17 933	62	25	4 355
208 469	4 830	149	670 809

1) 460 920 + 170 + 3 508 + 440 + 200 509 + 17 800 + 1 935 + 7 + 30 050 + 77 880 =

2) 68 + 8 + 199 + 5 000 + 43 672 + 174 009 + 23 + 406 789 + 17 330 + 37 =

3) 468 957 + 269 + 44 + 5 + 10 300 + 569 + 188 + 200 600 + 8 + 77 =

4) 564 + 18 + 310 620 + 3 + 198 + 33 + 169 + 22 709 + 17 + 304 296 =

5) 124 800 + 7 369 + 5 009 + 29 + 143 + 11 + 76 + 105 210 + 123 + 5 432 =

6) 4 000 + 270 + 980 765 + 2 + 127 + 3 000 + 763 700 + 46 + 189 + 4 880 =

7) 6 480 713	8) 7 523 004	9) 768
2 003 805	306 940	16 904
7 416 329	63 872	4 090 830
5 830 072	4 600	65
1 050 304	109	7
8 200 948	76	406 051
6 395 004	4	288
2 040 680	35	70 840
5 736 810	270	213 986
7 403 709	8 409 609	157

10) 6 219 400 + 97 + 850 940 + 133 + 2 780 + 54 + 660 890 + 13 004 + 8 + 299 =

11) 51 459 + 7 229 580 + 130 + 5 769 + 16 + 3 200 + 15 430 + 220 + 4 + 6 890 080 =

12) 67 + 182 + 16 840 + 3 009 482 + 7 + 122 904 + 583 073 + 13 + 449 + 62 819 =

13) 4 623 + 1 200 300 + 17 460 + 59 + 3 + 2 819 + 104 035 + 673 + 18 + 2 936 =

14) 8 517 930 + 2 694 + 550 900 + 14 + 396 + 8 + 77 + 368 + 406 709 + 226 =

15) 13 482 920 + 114 840 + 17 + 5 208 709 + 59 + 6 780 368 + 13 709 + 199 + 6 + 6 840 =

16) 33 + 5 208 904 + 123 456 + 98 + 26 945 318 + 3 901 005 + 8 + 219 + 5 639 + 63 =

17) 48 902 + 6 252 049 + 266 + 4 523 + 18 + 5 206 + 23 700 + 33 508 901 + 9 + 670 =

18) 9 708 + 2 700 016 + 28 349 + 72 + 4 + 3 566 + 274 048 + 9 146 + 17 + 218 532 906 =

II. Subtraktion.

Beispiel:	Lösung†):
2 764*)	2 + 2 = 4
— 1 352**)	5 + 1 = 6
1 412***)	3 + 4 = 7
	1 + 1 = 2

1) 7 952 — 5 311 =	6) 5 432 — 4 212 =
2) 8 765 — 4 232 =	7) 7 096 — 5 074 =
3) 9 424 — 6 221 =	8) 4 380 — 2 160 =
4) 8 307 — 5 106 =	9) 5 097 — 3 084 =
5) 6 540 — 2 330 =	10) 9 008 — 7 007 =
11) 28 935 — 14 523 =	16) 26 987 — 14 562 =
12) 59 279 — 27 043 =	17) 56 700 — 3 400 =
13) 38 668 — 15 405 =	18) 68 421 — 5 301 =
14) 54 997 — 2 046 =	19) 79 906 — 802 =
15) 60 805 — 502 =	20) 85 094 — 3 063 =
21) 153 642 — 121 520 =	26) 843 260 — 321 050 =
22) 604 939 — 2 717 =	27) 905 096 — 4 075 =
23) 983 720 — 41 610 =	28) 364 069 — 22 046 =
24) 670 853 — 50 421 =	29) 457 823 — 304 702 =
25) 764 009 — 3 004 =	30) 509 204 — 7 103 =

Beispiel:	Lösung:
260 023	1 + 2 = 3
— 124 891	9 + 3 = 12
135 132	9(8 + 1) + 1 = 10
	5(4 + 1) + 5 = 10
	3(2 + 1) + 3 = 6
	1 + 1 = 2

31) 9 640 — 4 328 =	41) 3 607 038 — 462 314 =
32) 17 060 — 4 723 =	42) 70 630 — 32 416 =
33) 7 084 — 4 813 =	43) 506 020 — 42 617 =
34) 79 860 — 31 423 =	44) 63 406 — 273 =
35) 6 507 — 3 264 =	45) 9 080 736 — 3 948 614 =
36) 536 090 — 13 746 =	46) 9 080 — 2 435 =
37) 87 908 — 26 374 =	47) 4 070 308 — 643 281 =
38) 5 680 — 329 =	48) 10 693 — 8 342 =
39) 1 073 084 — 461 723 =	49) 7 608 — 543 =
40) 8 070 — 4 726 =	50) 428 090 — 7 647 =

*) Minuendus. **) Subtrahendus. ***) Rest oder Differenz.
†) Differenz + Subtrahendus = Minuendus.

1) 4 862 — 1 439 =	11) 1 293 452 — 491 837 =
2) 45 463 — 1 392 =	12) 428 070 — 14 436 =
3) 7 043 681 — 4 921 247 =	13) 8 094 — 837 =
4) 625 034 — 512 617 =	14) 7 684 — 2 837 =
5) 73 038 — 429 =	15) 438 206 — 72 184 =
6) 9 482 — 4 739 =	16) 4 416 280 — 4 963 =
7) 3 706 904 — 394 881 =	17) 7 860 — 948 =
8) 186 318 — 3 284 =	18) 77 124 — 26 913 =
9) 6 051 — 738 =	19) 509 213 — 74 609 =
10) 22 493 — 1 746 =	20) 144 271 — 72 839 =

21) 79 411 — 23 894 =	31) 471 243 — 81 946 =
22) 41 216 — 37 684 =	32) 2 714 312 — 128 913 =
23) 84 523 — 3 549 =	33) 732 844 — 6 479 =
24) 162 412 — 48 156 =	34) 65 327 — 8 194 =
25) 1 573 218 — 938 149 =	35) 761 852 — 432 973 =
26) 782 314 — 45 618 =	36) 2 713 315 — 946 219 =
27) 4 234 152 — 1 463 968 =	37) 317 852 — 164 897 =
28) 8 412 — 7 923 =	38) 4 613 — 2 984 =
29) 17 625 — 8 537 =	39) 76 312 — 19 358 =
30) 224 842 — 5 938 =	40) 1 212 619 — 516 973 =

41) 70 084 — 32 146 =	51) 1 000 007 — 732 164 =
42) 560 000 — 234 983 =	52) 516 300 — 434 953 =
43) 1 500 300 — 732 948 =	53) 17 800 — 8 364 =
44) 9 000 — 4 213 =	54) 9 000 — 5 638 =
45) 76 000 — 14 320 =	55) 35 000 — 16 728 =
46) 242 000 — 176 321 =	56) 20 000 — 18 640 =
47) 500 638 — 14 829 =	57) 740 080 — 26 357 =
48) 4 006 318 — 213 481 =	58) 4 000 630 — 1 632 847 =
49) 16 000 — 9 814 =	59) 18 300 — 8 490 =
50) 8 000 — 4 612 =	60) 213 000 — 14 857 =

61) 209 738 — 104 979 =	68) 273 004 — 15 798 =
62) 9 255 848 — 79 216 =	69) 4 029 845 — 279 818 =
63) 70 000 — 8 759 =	70) 2 723 459 — 1 408 908 =
64) 946 010 — 297 615 =	71) 900 000 — 257 039 =
65) 2 709 844 — 946 207 =	72) 21 858 — 19 309 =
66) 400 820 — 336 437 =	73) 3 702 511 — 233 719 =
67) 177 456 — 29 306 =	74) 899 503 — 72 084 =

1) 523 680 — 165 945 =	11) 1 263 890 — 239 462 =
2) 208 950 — 108 562 =	12) 7 200 800 — 8 559 =
3) 700 000 — 326 917 =	13) 3 560 940 — 77 812 =
4) 613 009 — 528 628 =	14) 5 000 000 — 395 =
5) 750 008 — 352 719 =	15) 8 946 300 — 1 216 830 =
6) 398 496 — 103 845 =	16) 2 607 030 — 57 963 =
7) 279 003 — 124 200 =	17) 4 008 129 — 116 875 =
8) 608 903 — 456 987 =	18) 7 654 321 — 3 914 =
9) 763 004 — 293 856 =	19) 9 004 002 — 895 =
10) 897 600 — 462 903 =	20) 1 563 027 — 17 975 =

21)	Von	27 654	nimm	9 218	dreimal	fort!
22)	„	31 776	„	7 944	viermal	„ !
23)	„	178 600	„	35 720	fünfmal	„ !
24)	„	58 128	„	9 688	sechsmal	„ !
25)	„	194 922	„	27 846	siebenmal	„ !
26)	„	472 656	„	59 082	achtmal	„ !
27)	„	840 762	„	93 418	neunmal	„ !
28)	„	723 820	„	72 382	zehnmal	„ !

Aufgaben für das mündliche Rechnen

II. Multiplikation und Division.

1. Stufe.

Multiplikation.

29.	30.	31.	32.
1 × 15 =	3 × 15 =	1 × 16 =	9 × 16 =
2 × 15 =	9 × 15 =	2 × 16 =	7 × 16 =
3 × 15 =	5 × 15 =	3 × 16 =	4 × 16 =
4 × 15 =	7 × 15 =	4 × 16 =	10 × 16 =
5 × 15 =	1 × 15 =	5 × 16 =	2 × 16 =
6 × 15 =	4 × 15 =	6 × 16 =	6 × 16 =
7 × 15 =	6 × 15 =	7 × 16 =	1 × 16 =
8 × 15 =	10 × 15 =	8 × 16 =	5 × 16 =
9 × 15 =	2 × 15 =	9 × 16 =	3 × 16 =
10 × 15 =	8 × 15 =	10 × 16 =	8 × 16 =

33.	34.	35.	36.
1 × 24 =	6 × 24 =	7 × 24 =	1 × 24 =
2 × 24 =	7 × 24 =	2 × 24 =	6 × 24 =
3 × 24 =	8 × 24 =	10 × 24 =	4 × 24 =
4 × 24 =	9 × 24 =	3 × 24 =	9 × 24 =
5 × 24 =	10 × 24 =	8 × 24 =	5 × 24 =

1.	2.	3.	4.
1 × 25 =	6 × 25 =	4 × 25	8 × 25 =
2 × 25 =	7 × 25 =	9 × 25	5 × 25 =
3 × 25 =	8 × 25 =	7 × 25	2 × 25 =
4 × 25 =	9 × 25 =	1 × 25	10 × 25 =
5 × 25 =	10 × 25 =	3 × 25	6 × 25 =

Division.

5.	6.	7.	8.
45 : 15 =*)	112 : 16 =	168 : 24 =	150 : 25 =
150 : 15 =	64 : 16 =	72 : 24 =	75 : 25 =
105 : 15 =	160 : 16 =	216 : 24 =	200 : 25 =
60 : 15 =	96 : 16 =	96 : 24 =	50 : 25 =
15 : 15 =	144 : 16 =	240 : 24 =	175 : 25 =
120 : 15 =	80 : 16 =	24 : 24 =	250 : 25 =
75 : 15 =	32 : 16 =	120 : 24 =	100 : 25 =
135 : 15 =	128 : 16 =	192 : 24 =	25 : 25 =
30 : 15 =	16 : 16 =	48 : 24 =	225 : 25 =
90 : 15 =	48 : 16 =	144 : 24 =	125 : 25 =

---

2. Stufe.

Multiplikation.

Beispiel:

8 × 78 = ?

8 × 70 = 560
8 × 8 = 64

8 × 78 = 624

9.	10.	11.	12.	13.
7 × 53 =	6 × 68 =	5 × 94 =	6 × 95 =	9 × 59 =
8 × 64 =	9 × 77 =	6 × 59 =	9 × 83 =	8 × 87 =
3 × 92 =	5 × 98 =	9 × 98 =	5 × 87 =	7 × 74 =
5 × 48 =	7 × 46 =	7 × 36 =	8 × 46 =	9 × 96 =
7 × 79 =	3 × 86 =	6 × 88 =	4 × 96 =	6 × 47 =
4 × 87 =	8 × 39 =	8 × 65 =	8 × 63 =	4 × 98 =
9 × 45 =	5 × 59 =	9 × 74 =	9 × 47 =	7 × 56 =
6 × 63 =	4 × 67 =	5 × 49 =	6 × 38 =	8 × 78 =
4 × 85 =	7 × 73 =	7 × 63 =	8 × 59 =	6 × 49 =
8 × 67 =	8 × 85 =	9 × 84 =	5 × 97 =	9 × 94 =

*) Lies: 45 geteilt durch 15.

Division.

Beispiele:

1)	355 : 5 = ?	2)	483 : 7 = ?
	350 : 5 = 70		420 : 7 = 60
	5 : 5 = 1		63 : 7 = 9
	355 : 5 = 71		483 : 7 = 69

1.	2.	3.	4.
243 : 3 =	728 : 8 =	426 : 6 =	270 : 5 =
205 : 5 =	248 : 4 =	204 : 4 =	336 : 7 =
284 : 4 =	186 : 2 =	568 : 8 =	432 : 8 =
366 : 6 =	219 : 3 =	124 : 4 =	255 : 3 =
819 : 9 =	306 : 6 =	546 : 6 =	702 : 9 =
155 : 5 =	729 : 9 =	459 : 9 =	399 : 7 =
128 : 2 =	408 : 8 =	168 : 4 =	177 : 3 =
328 : 4 =	305 : 5 =	164 : 2 =	230 : 5 =
455 : 5 =	276 : 3 =	364 : 4 =	658 : 7 =
549 : 9 =	186 : 6 =	567 : 7 =	768 : 8 =

5.	6.	7.	8.
384 : 4 =	600 : 8 =	297 : 3 =	282 : 3 =
470 : 5 =	304 : 4 =	504 : 9 =	616 : 8 =
343 : 7 =	873 : 9 =	290 : 5 =	395 : 5 =
243 : 9 =	525 : 7 =	344 : 8 =	294 : 6 =
192 : 4 =	260 : 5 =	228 : 3 =	512 : 8 =
237 : 3 =	258 : 3 =	539 : 7 =	288 : 3 =
704 : 8 =	756 : 9 =	621 : 9 =	891 : 9 =
425 : 5 =	356 : 4 =	664 : 8 =	693 : 7 =
438 : 6 =	776 : 8 =	285 : 5 =	264 : 4 =
231 : 3 =	588 : 6 =	336 : 4 =	258 : 6 =

9.	10.	11.	12.
252 : 3 =	224 : 4 =	263 : 5 =	626 : 8 =
192 : 2 =	395 : 5 =	478 : 9 =	274 : 5 =
301 : 7 =	296 : 8 =	364 : 5 =	493 : 3 =
304 : 4 =	158 : 2 =	177 : 2 =	708 : 8 =
348 : 6 =	261 : 3 =	283 : 3 =	357 : 4 =
195 : 5 =	498 : 6 =	645 : 7 =	836 : 9 =
144 : 8 =	435 : 5 =	522 : 8 =	557 : 6 =
352 : 4 =	387 : 9 =	266 : 4 =	229 : 3 =
602 : 7 =	236 : 4 =	758 : 9 =	407 : 7 =
176 : 2 =	297 : 3 =	157 : 2 =	362 : 3 =

3. Stufe.

Multiplikation.

Beispiel: 3 × 189 = ?

3 × 100 = 300
3 × 80 = 240
3 × 9 = 27

2 × 189 = 567

1.	2.	3.	4.
3 × 218 =	3 × 316 =	5 × 153 =	3 × 278 =
6 × 135 =	2 × 167 =	8 × 125 =	6 × 119 =
2 × 379 =	7 × 113 =	2 × 416 =	2 × 395 =
4 × 225 =	4 × 249 =	4 × 137 =	7 × 142 =
6 × 143 =	3 × 192 =	7 × 129 =	4 × 164 =

5.	6.	7.	8.
2 × 159 =	5 × 166 =	3 × 126 =	2 × 386 =
8 × 123 =	2 × 397 =	5 × 148 =	4 × 219 =
4 × 157 =	8 × 114 =	7 × 123 =	6 × 126 =
7 × 136 =	3 × 237 =	2 × 316 =	4 × 229 =
3 × 197 =	6 × 118 =	4 × 129 =	5 × 157 =
6 × 165 =	4 × 186 =	6 × 163 =	3 × 177 =
4 × 213 =	2 × 279 =	3 × 249 =	4 × 176 =
2 × 428 =	8 × 117 =	5 × 164 =	7 × 132 =
5 × 179 =	3 × 196 =	2 × 258 =	2 × 473 =
7 × 127 =	5 × 155 =	4 × 162 =	3 × 292 =

Division.

Beispiele:

1) 705 : 5 = ?

500 : 5 = 100
200 : 5 = 40
5 : 5 = 1

705 : 5 = 141

2) 936 : 4 = ?

800 : 4 = 200
120 : 4 = 30
16 : 4 = 4

936 : 4 = 234

9.	10.	11.	12.
364 : 2 =	906 : 6 =	352 : 2 =	959 : 7 =
516 : 3 =	782 : 2 =	534 : 3 =	932 : 4 =
905 : 5 =	655 : 5 =	704 : 4 =	585 : 3 =
987 : 7 =	576 : 3 =	635 : 5 =	992 : 8 =
644 : 4 =	548 : 2 =	570 : 2 =	756 : 2 =

1.	2.	3.	4.
973 : 7 =	596 : 2 =	616 : 4 =	796 : 4 =
795 : 3 =	938 : 7 =	894 : 6 =	645 : 5 =
984 : 8 =	985 : 5 =	915 : 5 =	894 : 3 =
745 : 5 =	882 : 6 =	398 : 2 =	762 : 6 =
708 : 4 =	858 : 3 =	804 : 6 =	536 : 2 =

5.	6.	7.	8.
942 : 6 =	572 : 2 =	357 : 2 =	953 : 2 =
836 : 4 =	795 : 5 =	841 : 5 =	760 : 3 =
638 : 2 =	648 : 4 =	702 : 4 =	956 : 8 =
685 : 5 =	326 : 2 =	950 : 8 =	777 : 6 =
981 : 9 =	992 : 8 =	637 : 3 =	846 : 5 =
852 : 6 =	854 : 7 =	958 : 6 =	519 : 4 =
794 : 2 =	477 : 3 =	795 : 2 =	920 : 7 =
748 : 4 =	810 : 6 =	809 : 7 =	393 : 2 =
945 : 5 =	912 : 8 =	694 : 5 =	684 : 5 =
833 : 7 =	568 : 2 =	737 : 4 =	812 : 3 =

4. Stufe.

Multiplikation.

Beispiele:

1)	2)	3)
$30 \times 20 = ?$*)	$27 \times 20 = ?$	$30 \times 26 = ?$
$30 \times 10 = 300$	$20 \times 20 = 400$	$30 \times 20 = 600$
$300 \times 2 = 600$	$7 \times 20 = 140$	$30 \times 6 = 180$
$30 \times 20 = 600$	$27 \times 20 = 540$	$30 \times 26 = 780$

9.	10.	11.	12.
10 × 10 =	20 × 20 =	14 × 10 =	27 × 20 =
20 × 10 =	30 × 30 =	17 × 10 =	17 × 40 =
10 × 70 =	40 × 20 =	25 × 10 =	14 × 60 =
50 × 10 =	20 × 50 =	37 × 10 =	13 × 70 =
10 × 90 =	10 × 40 =	49 × 10 =	12 × 80 =
30 × 10 =	30 × 20 =	73 × 10 =	42 × 20 =
10 × 80 =	20 × 40 =	54 × 10 =	24 × 40 =
40 × 10 =	10 × 30 =	68 × 10 =	13 × 60 =
10 × 60 =	20 × 30 =	86 × 10 =	28 × 30 =
100 × 10 =	50 × 20 =	95 × 10 =	19 × 40 =

*) $20 = 10 \times 2$; also ist $30 \times 20 = 30 \times 10 \times 2$.

1.	2.	3.	4.
15 × 40 =	30 × 26 =	20 × 43 =	30 × 15 =
14 × 70 =	20 × 27 =	30 × 25 =	70 × 12 =
16 × 30 =	40 × 16 =	70 × 14 =	40 × 13 =
29 × 20 =	20 × 19 =	40 × 19 =	20 × 26 =
16 × 60 =	50 × 18 =	20 × 38 =	60 × 13 =
18 × 40 =	70 × 13 =	60 × 14 =	50 × 15 =
35 × 20 =	40 × 24 =	30 × 29 =	20 × 46 =
26 × 30 =	20 × 17 =	40 × 17 =	30 × 27 =
25 × 40 =	50 × 19 =	20 × 29 =	20 × 35 =
47 × 20 =	30 × 28 =	30 × 16 =	50 × 17 =

Division.

Beispiele:

1)	2)
280 : 20 = ?	360 : 20 = ?
200 : 20 = 10	200 : 20 = 10
80 : 20 = 4	160 : 20 = 8
280 : 20 = 14	360 : 20 = 18

5.	6.	7.	8.
100 : 10 =	400 : 20 =	140 : 10 =	280 : 20 =
700 : 10 =	4000 : 20 =	370 : 10 =	390 : 30 =
900 : 10 =	600 : 30 =	440 : 10 =	840 : 40 =
400 : 10 =	800 : 40 =	560 : 10 =	460 : 20 =
600 : 10 =	200 : 20 =	920 : 10 =	550 : 50 =
200 : 10 =	1000 : 50 =	170 : 10 =	630 : 30 =
800 : 10 =	300 : 30 =	730 : 10 =	880 : 20 =
300 : 10 =	800 : 20 =	250 : 10 =	990 : 30 =
1000 : 10 =	400 : 40 =	680 : 10 =	260 : 20 =
500 : 10 =	600 : 20 =	930 : 10 =	770 : 70 =

9.	10.	11.	12.
360 : 20 =	800 : 50 =	520 : 20 =	750 : 30 =
480 : 30 =	450 : 30 =	900 : 60 =	850 : 50 =
960 : 80 =	900 : 50 =	540 : 30 =	720 : 40 =
560 : 40 =	380 : 20 =	910 : 70 =	980 : 20 =
540 : 20 =	780 : 60 =	720 : 20 =	860 : 20 =

5. Stufe.

Multiplikation.

Beispiele:

1) 2 × 630 = ?
2 × 600 = 1200
2 × 30 = 60
2 × 630 = 1260

2) 70 × 80 = ?
70 × 10 = 700
700 × 8 = 5600
70 × 80 = 5600

1.	2.	3.	4.	5.
2 × 700 =	2 × 630 =	5 × 350 =	70 × 80 =	60 × 50 =
3 × 500 =	4 × 940 =	3 × 690 =	30 × 50 =	40 × 70 =
8 × 400 =	7 × 270 =	7 × 430 =	40 × 60 =	30 × 90 =
9 × 300 =	9 × 320 =	2 × 870 =	80 × 90 =	50 × 80 =
5 × 600 =	3 × 580 =	9 × 440 =	30 × 70 =	80 × 30 =
7 × 900 =	8 × 460 =	4 × 630 =	60 × 80 =	40 × 40 =
4 × 800 =	5 × 290 =	6 × 380 =	90 × 40 =	90 × 70 =
6 × 300 =	7 × 320 =	8 × 270 =	50 × 60 =	70 × 60 =
3 × 700 =	6 × 540 =	5 × 620 =	70 × 50 =	20 × 90 =
8 × 600 =	4 × 750 =	7 × 460 =	30 × 80 =	80 × 50 =

Division.

Beispiele:

1) 1 280 : 2 = ?
1 200 : 2 = 600
80 : 2 = 40
1 280 : 2 = 640

2) 1 540 : 2 = ?
1 400 : 2 = 700
140 : 2 = 70
1 540 : 2 = 770

6.	7.	8.	9.	10.
3 500 : 5 =	1 280 : 2 =	1 540 : 2 =	2 040 : 3 =	2 400 : 60 =
4 800 : 8 =	3 570 : 7 =	2 340 : 3 =	4 340 : 7 =	1 800 : 30 =
1 200 : 4 =	4 080 : 8 =	4 380 : 6 =	3 160 : 4 =	6 300 : 70 =
1 800 : 9 =	1 640 : 2 =	2 160 : 4 =	1 504 : 8 =	2 800 : 40 =
1 600 : 2 =	4 590 : 9 =	5 200 : 8 =	1 776 : 2 =	8 100 : 90 =
2 500 : 5 =	2 760 : 3 =	3 800 : 5 =	1 485 : 9 =	3 000 : 50 =
6 300 : 7 =	3 050 : 5 =	5 040 : 9 =	3 965 : 5 =	1 600 : 20 =
2 700 : 3 =	1 860 : 2 =	1 960 : 2 =	4 356 : 6 =	5 600 : 80 =
3 600 : 6 =	2 480 : 4 =	2 340 : 6 =	2 956 : 4 =	4 200 : 70 =
6 400 : 8 =	4 270 : 7 =	2 820 : 3 =	4 632 : 8 =	2 100 : 30 =

Aufgaben für das schriftliche Rechnen.

III. Multiplikation.

Beispiel: 765*) · 2**)†)
1530***)

1) 562 · 8 2) 346 · 9 3) 2 317 · 2 4) 4 536 · 3 5) 8 145 · 4

6) 3 748 · 5 7) 6 529 · 6 8) 7 394 · 7 9) 8 056 · 8 10) 6 309 · 9

11) 13 562 · 7 12) 62 904 · 3 13) 49 818 · 9 14) 279 583 · 8

15) 13 709 · 2, 3, 4, 5, 6, 7, 8, 9 =
16) 209 508 · 2, 3, 4, 5, 6, 7, 8, 9 =
17) 1 543 722 · 2, 3, 4, 5, 6, 7, 8, 9 =
18) 4 203 859 · 2, 3, 4, 5, 6, 7, 8, 9 =
19) 885 372 · 2, 3, 4, 5, 6, 7, 8, 9 =
20) 634 089 · 2, 3, 4, 5, 6, 7, 8, 9 =

Beispiel: 13 420 · 50
671 000

21) 2 857 · 20 22) 5 642 · 50 23) 13 958 · 70 24) 17 471 · 90

25) 32 693 · 30 26) 28 567 · 80 27) 12 836 · 40 28) 77 548 · 60

29) 8 640 · 30 30) 7 970 · 50 31) 3 580 · 70 32) 2 960 · 90

33) 24 070 · 20 34) 63 580 · 40 35) 52 700 · 60 36) 93 600 · 80

37) 438 · 10, 20, 30, 40, 50, 60, 70, 80, 90 =
38) 795 · 10, 20 bis 90 =
39) 6 804 · 10, 20 bis 90 =
40) 9 437 · 10, 20 bis 90 =
41) 5 628 · 10, 20 bis 90 =
42) 14 209 · 10, 20 bis 90 =
43) 56 042 · 10, 20 bis 90 =

---

*) Multiplikandus. **) Multiplikator. ***) Produkt.
†) Lies: 765 mal 2.

1) 43 683 · 10, 20 bis 90 =
2) 76 542 · 10, 20 bis 90 =
3) 103 208 · 10, 20 bis 90 =
4) 470 836 · 10, 20 bis 90 =
5) 234 057 · 10, 20 bis 90 =
6) 562 109 · 10, 20 bis 90 =
7) 305 824 · 10, 20 bis 90 =
8) 370 · 10, 20 bis 90 =
9) 6 850 · 10, 20 bis 90 =
10) 9 430 · 10, 20 bis 90 =
11) 13 270 · 10, 20 bis 90 =
12) 44 820 · 10, 20 bis 90 =
13) 207 400 · 10, 20 bis 90 =
14) 921 524 · 10, 20 bis 90 =
15) 107 903 · 10, 20 bis 90 =
16) 468 732 · 10, 20 bis 90 =
17) 894 956 · 10, 20 bis 90 =

---

18) 6 734 · 300 19) 8 972 · 700 20) 46 374 · 900 21) 85 360 · 600

22) 74 030 · 200 23) 60 530 · 400 24) 97 650 · 800 25) 29 500 · 500

26) 17 060 · 600 27) 94 300 · 800 28) 64 530 · 700 29) 12 468 · 400

30) 4 293 · 5000 31) 2785 · 2000 32) 9374 · 8000 33) 3958 · 4000

34) 7 684 · 100, 200, 300, 400 bis 900 =
35) 5 039 · 100, 200, 300, 400 bis 900 =
36) 8 621 · 100, 200, 300, 400 bis 900 =
37) 1 573 · 1000, 2000, 3000, 4000 bis 9000 =
38) 3 059 · 1000, 2000, 3000, 4000 bis 9000 =
39) 6 287 · 1000, 2000, 3000, 4000 bis 9000 =

Beispiele:

1)
```
   783 · 47
31 32·
 5 481
36 801
```

2)
```
    349 · 430
139 6··
 10 470
150 070
```

1) 548 · 23	2) 927 · 59	3) 385 · 38	4) 692 · 71
5) 816 · 86	6) 6 719 · 75	7) 3 579 · 28	8) 4 682 · 36
9) 8 364 · 49	10) 5 276 · 93		

---

11)	975 ·	a) 37	b) 48	c) 59	d) 64	e) 73	f) 86 =
12)	6 238 ·	a) 34	b) 45	c) 56	d) 69	e) 78	f) 92 =
13)	3 506 ·	a) 38	b) 43	c) 54	d) 63	e) 76	f) 89 =
14)	5 670 ·	a) 27	b) 36	c) 47	d) 58	e) 67	f) 96 =
15)	18 290 ·	a) 53	b) 87	c) 29	d) 74	e) 49	f) 54 =
16)	16 948 ·	a) 32	b) 26	c) 57	d) 78	e) 95	f) 64 =

---

17)	372 ·	a) 265	b) 743	c) 158	d) 797	e) 342 =
18)	3 958 ·	a) 792	b) 468	c) 173	d) 594	e) 629 =
19)	5 072 ·	a) 185	b) 336	c) 725	d) 162	e) 885 =
20)	29 563 ·	a) 236	b) 174	c) 589	d) 372	e) 899 =
21)	58 706 ·	a) 567	b) 123	c) 489	d) 741	e) 946 =
22)	40 029 ·	a) 463	b) 271	c) 586	d) 973	e) 486 =

---

23)	6 804 ·	a) 344	b) 671	c) 542	d) 382	e) 935 =
24)	20 386 ·	a) 567	b) 329	c) 475	d) 791	e) 446 =
25)	74 051 ·	a) 295	b) 599	c) 784	d) 328	e) 493 =

---

26)	3 542 ·	a) 5 423	b) 1 618	c) 7 325	d) 3 294 =
27)	7 630 ·	a) 1 548	b) 2 394	c) 2 491	d) 2 531 =
28)	8 095 ·	a) 2 717	b) 6 543	c) 3 625	d) 8 459 =
29)	4 307 ·	a) 8 492	b) 9 742	c) 8 764	d) 1 527 =
30)	15 254 ·	a) 3 624	b) 1 275	c) 5 329	d) 3 493 =
31)	23 891 ·	a) 2 758	b) 8 642	c) 4 671	d) 6 543 =

---

32)	4 349 ·	a) 430	b) 760	c) 950	d) 320	e) 680 =
33)	6 592 ·	a) 370	b) 840	c) 270	d) 580	e) 940 =
34)	3 807 ·	a) 710	b) 630	c) 870	d) 490	e) 340 =
35)	1 728 ·	a) 3 270	b) 6 850	c) 5 430	d) 1 230 =	
36)	2 935 ·	a) 5 480	b) 9 730	c) 7 890	d) 6 420 =	
37)	6 861 ·	a) 1 630	b) 3 450	c) 6 740	d) 7 490 =	

Beispiele:

1)	3 962 · 305	2)	5 084 · 6003
	1 188 6 · ·		30 504 · · ·
	19 810		15 252
	1 208 410		30 519 252

---

1)	5 953 ·	a) 607	b) 208	c) 509	d) 806	e) 405 =
2)	6 207 ·	a) 902	b) 603	c) 401	d) 108	e) 506 =
3)	73 480 ·	a) 306	b) 207	c) 509	d) 804	e) 708 =
4)	92 317 ·	a) 702	b) 508	c) 309	d) 602	e) 209 =
5)	15 208 ·	a) 904	b) 302	c) 607	d) 204	e) 805 =
6)	26 945 ·	a) 306	b) 704	c) 405	d) 806	e) 609 =

---

7)	7 833 ·	a) 8 005	b) 3 007	c) 5 006	d) 7 004 =
8)	6 428 ·	a) 2 005	b) 7 035	c) 5 603	d) 9 057 =
9)	45 219 ·	a) 8 004	b) 6 008	c) 8 207	d) 5 608 =
10)	13 468 ·	a) 6 007	b) 2 309	c) 6 068	d) 1 027 =
11)	824 731 ·	a) 3 009	b) 5 067	c) 3 029	d) 4 007 =
12)	736 079 ·	a) 8 065	b) 3 005	c) 5 603	d) 3 904 =

---

13)	75 684 ·	a) 39 516	b) 57 432	c) 18 642	d) 37 251 =
14)	84 700 ·	a) 70 804	b) 60 307	c) 20 503	d) 90 807 =
15)	31 628 ·	a) 80 073	b) 56 008	c) 37 200	d) 16 004 =
16)	54 032 ·	a) 50 008	b) 60 009	c) 85 000	d) 94 007 =
17)	63 804 ·	a) 70 600	b) 30 507	c) 48 003	d) 40 302 =
18)	95 621 ·	a) 86 040	b) 65 903	c) 20 068	d) 76 002 =

---

19)	105 208 ·	a) 693	b) 8 094	c) 709	d) 115 008 =
20)	213 974 ·	a) 6 009	b) 3 700	c) 893	d) 6 002 =
21)	524 311 ·	a) 748	b) 60 704	c) 6 204	d) 2 854 =
22)	5 829 ·	a) 3 816	b) 2 900	c) 3 085	d) 1 884 =
23)	17 630 ·	a) 508	b) 7 009	c) 1 943	d) 9 807 =
24)	300 960 ·	a) 2 704	b) 384	c) 70 085	d) 42 819 =

IV. Division.

Beispiel:

5 067 : 9 = 563 · 9
56 — 5 067
27

1) 6 248 : 2 2) 1 272 : 3 3) 3 648 : 4 4) 1 810 : 5

5) 2 352 : 6 6) 4 347 : 7 7) 1 976 : 8 8) 5 067 : 9

9) 20 568 : 6 10) 38 358 : 9 11) 21 072 : 4 12) 6 783 : 7

13) 18 694 : 2 14) 39 615 : 5 15) 51 037 : 7 16) 105 472 : 2

17) 3 965 : 5 18) 38 466 : 9 19) 7 800 : 8 20) 17 358 : 6

21) 42 525 : 9 22) 55 671 : 7

23) 298 516 : 2, 3, 4, 5, 6, 7, 8, 9 =
24) 817 427 : 2, 3, 4 bis 9 =
25) 758 919 : 2, 3, 4 bis 9 =
26) 977 324 : 2, 3, 4 bis 9 =
27) 3 516 459 : 2, 3, 4 bis 9 =
28) 5 123 746 : 2, 3, 4 bis 9 =
29) 7 845 823 : 2, 3, 4 bis 9 =
30) 9 703 608 : 2, 3, 4 bis 9 =
31) 4 960 047 : 2, 3, 4 bis 9 =

Beispiele:

1) 23940 : 30 = 798
294
240

2) 6578 : 50 = 131
157
78
R. 28

32) 7 530 : 10 33) 8 970 : 10 34) 9 580 : 10 35) 2 690 : 10

36) 17 239 : 10 37) 460 813 : 10 38) 55 945 : 10 39) 717 437 : 10

40) 8 639 : 10 41) 7 458 : 10 42) 3 426 : 10 43) 9 365 : 10

44) 23 940 : 30 45) 65 960 : 40 46) 32 950 : 50 47) 10 430 : 70

48) 6 940 : 20 49) 23 940 : 30 50) 157 800 : 40 51) 43 450 : 10

1) 16 140 : 60	2) 262 780 : 70	3) 437 760 : 80	4) 71 910 : 90
5) 9 120 : 20	6) 217 080 : 30	7) 31 640 : 40	8) 45 650 : 50
9) 139 080 : 60	10) 344 470 : 70	11) 296 320 : 80	12) 22 230 : 90
13) 123 647 : 20	14) 110 565 : 30	15) 321 687 : 40	16) 421 809 : 50
17) 288 863 : 60	18) 68 055 : 70	19) 41 387 : 80	20) 58 446 : 90

21) 798 562 : 10, 20, 30, 40, 50, 60, 70, 80, 90 =
22) 859 849 : 10, 20, 30, 40 bis 90 =
23) 624 972 : 10, 20, 30, 40 bis 90 =
24) 976 418 : 10, 20, 30, 40 bis 90 =
25) 1 528 394 : 10, 20, 30, 40 bis 90 =
26) 3 276 083 : 10, 20, 30, 40 bis 90 =
27) 4 587 654 : 100, 200, 300, 400 bis 900 =
28) 2 740 732 : 100, 200, 300, 400 bis 900 =
29) 3 496 581 : 100, 200, 300, 400 bis 900 =
30) 8 340 708 : 100, 200, 300, 400 bis 900 =
31) 37 594 305 : 1000, 2000, 3000, 4000 bis 9000 =
32) 93 127 432 : 1000, 2000, 3000, 4000 bis 9000 =
33) 84 807 364 : 1000, 2000, 3000, 4000 bis 9000 =

Beispiel:

```
160 548 : 51 =   3 148 · 51
  75            157 40
  2 44            1 348
   408          158 748
```

34) 26 922 : 21 =	35) 22 475 : 31 =	36) 89 667 : 41 =
37) 19 992 : 51 =	38) 147 193 : 61 =	39) 53 676 : 71 =
40) 39 528 : 81 =	41) 575 484 : 91 =	42) 31 526 : 22 =
43) 22 976 : 32 =	44) 176 946 : 42 =	45) 39 468 : 52 =
46) 564 448 : 62 =	47) 12 168 : 72 =	48) 5 330 : 82 =
49) 37 076 : 92 =	50) 22 334 : 13 =	51) 13 497 : 33 =
52) 35 669 : 53 =	53) 51 684 : 73 =	54) 63 054 : 93 =
55) 13 368 : 24 =	56) 96 140 : 44 =	57) 40 896 : 64 =

1) 76 608 : 84 =	2) 37 725 : 15 =	3) 31 860 : 45 =
4) 35 100 : 75 =	5) 89 300 : 95 =	6) 36 324 : 36 =
7) 52 074 : 66 =	8) 80 668 : 86 =	9) 26 316 : 17 =
10) 37 835 : 47 =	11) 41 811 : 77 =	12) 46 560 : 97 =
13) 90 126 : 18 =	14) 19 266 : 38 =	15) 12 172 : 68 =
16) 77 792 : 88 =	17) 17 271 : 19 =	18) 24 853 : 29 =
19) 27 612 : 59 =	20) 63 516 : 79 =	21) 93 852 : 99 =

---

22)	3 954 081 :	a) 31	b) 41	c) 51	d) 61	e) 17	f) 93 =
23)	171 864 :	a) 21	b) 31	c) 42	d) 62	e) 72	f) 93 =
24)	1 356 264 :	a) 39	b) 52	c) 63	d) 56	e) 84	f) 92 =
25)	1 147 608 :	a) 36	b) 46	c) 56	d) 66	e) 18	f) 28 =
26)	3 147 312 :	a) 38	b) 48	c) 58	d) 68	e) 29	f) 34 =
27)	2 593 227 :	a) 39	b) 49	c) 59	d) 69	e) 13	f) 23 =
28*)	1 220 618 :	a) 27	b) 34	c) 58	d) 62	e) 79	f) 85 =
29)	3 735 840 :	a) 19	b) 28	c) 37	d) 46	e) 55	f) 64 =

---

30)	7 427 742 :	a) 101	b) 102	c) 103	d) 303	e) 618 =
31)	1 157 520 :	a) 104	b) 105	c) 106	d) 312	e) 364 =
32)	6 298 020 :	a) 107	b) 108	c) 109	d) 321	e) 963 =
33)	2 893 800 :	a) 104	b) 105	c) 106	d) 318	e) 312 =
34)	3 778 812 :	a) 107	b) 108	c) 109	d) 321	e) 324 =
35)	837 168 :	a) 163	b) 214	c) 321	d) 326	e) 428 =
36)	1 550 016 :	a) 144	b) 192	c) 288	d) 576	e) 897 =
37**)	7 162 931 :	a) 378	b) 182	c) 586	d) 287	e) 388 =
38)	5 503 072 :	a) 291	b) 492	c) 594	d) 695	e) 795 =
39)	8 654 930 :	a) 397	b) 896	c) 498	d) 199	e) 997 =

---

40)	1 823 943 :	a) 1 003	b) 2 003	c) 4 005	d) 7 003	e) 6 009 =
41)	3 406 387 :	a) 3 014	b) 5 027	c) 8 074	d) 3 059	e) 7 068 =
42)	6 512 763 :	a) 1 125	b) 2 136	c) 4 157	d) 6 218	e) 5 327 =
43)	1 240 734 :	a) 2 463	b) 5 578	c) 7 631	d) 4 719	e) 9 813 =
44)	7 162 848 :	a) 1 197	b) 1 224	c) 1 368	d) 1 496	e) 3 876 =
45)	10 850 112 :	a) 1 288	b) 1 638	c) 2 093	d) 2 184	e) 2 898 =

---

*) Nr. 28 und 29 mit Rest.
**) Nr. 37 bis 43 mit Rest.

1) 10 447 534 : 1 858 =
2) 58 397 664 : 1 248 =
3) 24 500 817 : 8 469 =
4) 630 460 912 : 8 234 =
5) 102 512 880 : 8 304 =
6) 302 543 748 : 5 382 =
7) 45 059 490 : 4 415 =
8) 458 533 757 : 5 137 =
9) 180 974 470 : 1 945 =
10) 465 239 810 : 7 063 =

11) 448 836 290 : 18 235 =
12) 139 139 841 : 16 287 =
13) 334 047 636 : 24 613 =
14) 163 387 980 : 28 035 =
15) 397 262 892 : 13 206 =
16) 172 335 450 : 23 447 =
17) 189 989 738 : 32 723 =
18) 308 459 613 : 63 041 =
19) 322 643 880 : 23 304 =
20) 676 366 509 : 42 963 =

---

21) 449 276 318 : 5 149 =
22) 326 948 576 : 1 357 =
23) 508 276 349 : 3 579 =
24) 263 482 945 : 4 675 =
25) 856 293 004 : 5 708 =
26) 923 461 506 : 8 841 =
27) 209 347 585 : 9 876 =
28) 532 900 851 : 2 946 =
29) 310 856 728 : 3 893 =
30) 156 923 915 : 5 789 =
31) 349 638 928 : 6 893 =
32) 401 246 803 : 7 949 =
33) 323 615 594 : 8 868 =
34) 794 823 010 : 7 893 =

35) 346 923 857 : 3 900 =
36) 423 105 943 : 7 900 =
37) 805 632 748 : 3 570 =
38) 273 948 891 : 9 780 =
39) 463 850 026 : 5 890 =
40) 326 079 384 : 6 380 =
41) 692 534 123 : 8 980 =
42) 943 185 922 : 79 070 =
43) 456 789 347 : 86 900 =
44) 529 376 948 : 77 800 =
45) 256 932 800 : 19 400 =
46) 663 657 948 : 28 700 =
47) 748 621 864 : 94 300 =
48) 357 928 430 : 80 900 =

---

49) (428 930 + 250 607 + 19 336 + 4 986 + 79 366 + 519 377) : 826 =
50) (366 + 1 528 909 + 74 216 + 88 993 + 917 606 + 75 579) : 6 731 =
51) (944 620 + 156 + 206 308 + 4 621 + 916 832 + 1 234 567) : 45 932 =

52) (2 000 000 — 138 728) : 3 693 =
53) (2 734 909 — 523) : 5 673 =
54) (84 757 443 — 95 862) : 1 607 =
55) (1 296 · 864) : 72 =
56) (86 580 · 3 996) : 195 =
57) (5 310 : 118) · 680 =

58) (735 · 108) : 147 =
59) (837 168 : 326) · 709 =
60) (450 · 79) : 237 =
61) (399 441 : 483) · 526 =
62) (592 128 : 192) · 1 807 =
63) (5 549 188 : 562) · 748 =

V. Das Rechnen mit benannten Zahlen.

a. Münzen:

Mark = M | Pfennig = ₰ | 1 M = 100 ₰

b. Zählmaße:

Gros = Grs.	1 Grs. = 12 Dtz.
Dutzend = Dtz.	1 Dtz. = 12 Stck.
Stück = Stck.	1 Grs. = 144 Stck.

Schock = Schck.	1 Schck. = 4 Mdl.
Mandel = Mdl.	1 Mdl. = 15 Stck.
Stück = Stck.	1 Schck. = 60 Stck.

Ballen = Bll.	1 Bll. = 10 Rs.
Ries = Rs.	1 Rs. = 10 Bch.
Buch = Bch.	1 Bch. = 100 Bg.
Bogen = Bg.	1 Rs. = 1 000 Bg.

c. Zeitmaße:

Jahr = Jhr.	1 Jhr. = 12 Mon.
Monat = Mon.	1 " = 52 Wch.
Woche = Wch.	1 " = 365 Tg.
Tag = Tg.	1 Mon. = 30 Tg.
Stunde = Std.	1 Wch. = 7 Tg.
Minute = Min.	1 Tg. = 24 Std.
Sekunde = Sk.	1 Std. = 60 Min.
	1 Min. = 60 Sk.

d. Längenmaße:

Meter = m	1 km = 1 000 m
Kilometer = km	1 m = 100 cm
Centimeter = cm	1 cm = 10 mm
Millimeter = mm	

e. Flächenmaße:

Quadratmeter = qm	1 qkm = 100 ha
Quadratkilometer = qkm	1 ha = 100 a
Hektar = ha	1 a = 100 qm
Ar = a	1 qm = 10 000 qcm
Quadratcentimeter = qcm	1 qcm = 100 qmm
Quadratmillimeter = qmm	

f. Körpermaße:

Kubikmeter	= cbm	1 cbm =	1 000 000 ccm
Kubikcentimeter	= ccm	1 ccm =	1 000 cmm
Kubikmillimeter	= cmm	1 hl =	100 l
Liter	= l		
Hektoliter	= hl		

g. Gewichte:

Gramm	= g	1 t =	1 000 kg
Kilogramm	= kg	1 kg =	1 000 g
Tonne	= t	1 g =	1 000 mg
Milligramm	= mg		

1. Resolvieren*).

a. Mündliche Übungen.

1) 1 M = ? ₰	2) 37 M = ? ₰	3) 400 M = ? ₰
6 „ =	65 „ =	93 „ =
9 „ =	88 „ =	770 „ =
15 „ =	136 „ =	99 „ =
19 „ =	255 „ =	100 „ =
23 „ =	300 „ =	500 „ =
17 „ =	360 „ =	880 „ =

4) 1,00 M = ? ₰	5) 6,85 M = ? ₰	6) 10,00 M = ? ₰
1,25 „ =	2,05 „ =	3,59 „ =
1,70 „ =	7,09 „ =	9,04 „ =
4,65 „ =	3,06 „ =	10,16 „ =
3,18 „ =	1,07 „ =	4,70 „ =
7,43 „ =	5,01 „ =	10,85 „ =
9,86 „ =	2,04 „ =	7,98 „ =

7) 1 Grs. = ? Dtz.	8) 1 Dtz. = ? Stck.	9) 1 Grs. 3 Dtz. = ? Dtz.
4 „ =	5 „ =	3 „ 7 „ =
7 „ =	8 „ =	5 „ 2 „ =
9 „ =	11 „ =	9 „ 8 „ =
12 „ =	2 „ =	7 „ 11 „ =
6 „ =	7 „ =	10 „ 6 „ =
10 „ =	9 „ =	8 „ 4 „ =

10) 4 Dtz. 3 Stck. = ? Stck.	11) 1 Schck. = ? Mdl.
2 „ 7 „ =	7 „ =
9 „ 4 „ =	9 „ =
5 „ 10 „ =	13 „ =
1 „ 8 „ =	15 „ =
7 „ 2 „ =	20 „ =
8 „ 9 „ =	75 „ =

*) Resolvieren heißt: Höhere Sorten in niedere auflösen.

1)	1 Mdl.	= ? Stck.
	3 "	=
	7 "	=
	9 "	=
	4 "	=
	8 "	=
	2 "	=

2)	1 Schck.	= ? Stck.
	4 "	=
	7 "	=
	2 "	=
	9 "	=
	3 "	=
	10 "	=

3)	2 Schck.	3 Mdl.	= ? Mdl.
	5 "	1 "	=
	8 "	2 "	=
	7 "	3 "	=
	10 "	2 "	=
	25 "	1 "	=
	36 "	3 "	=

4)	4 Mdl.	10 Stck.	= ? Stck.
	2 "	7 "	=
	8 "	5 "	=
	10 "	12 "	=
	7 "	8 "	=
	3 "	14 "	=
	9 "	6 "	=

5)	2 Schck.	40 Stck.	= ? Stck.
	4 "	5 "	=
	7 "	18 "	=
	3 "	50 "	=
	8 "	9 "	=
	10 "	13 "	=
	5 "	35 "	=

6)	1 Bll.	= ? Rs.
	6 "	=
	3 "	=
	15 "	=
	20 "	=
	37 "	=
	100 "	=

7)	1 Rs.	= ? Bch.
	4 "	=
	9 "	=
	13 "	=
	18 "	=
	75 "	=
	120 "	=

8)	1 Bch.	= ? Bg.
	5 "	=
	3 "	=
	17 "	=
	39 "	=
	84 "	=
	110 "	=

9)	3 Bll.	5 Rs.	= ? Rs.
	10 "	8 "	=
	14 Rs.	3 Bch.	= ? Bch.
	20 "	9 "	=
	4 Bch.	6 Bg.	= ? Bg.
	6 "	18 "	=
	48 "	20 "	=

10)	1 Jhr.	= ? Mon.
	7 "	=
	3 "	=
	9 "	=
	12 "	=
	15 "	=
	20 "	=

11)	1 Mon.	= ? Tg.
	6 "	=
	9 "	=
	12 "	=
	15 "	=
	30 "	=
	50 "	=

12)	1 Jhr.	= ? Wch.
	3 "	=
	5 "	=
	2 "	=
	7 "	=
	4 "	=
	6 "	=

13)	1 Wch.	= ? Tg.
	6 "	=
	8 "	=
	14 "	=
	20 "	=
	24 "	=
	30 "	=

1)

1 Tg.	= ? Std.	
7	„	=
3	„	=
9	„	=
6	„	=
4	„	=
10	„	=

2)

1 Std.	= ? Min.	
6	„	=
8	„	=
4	„	=
7	„	=
10	„	=
12	„	=

3)

1 Min.	= ? Sk.	
4	„	=
9	„	=
2	„	=
5	„	=
11	„	=
15	„	=

4)

3 Jhr.	4 Mon.	= ? Mon.
7 „	10 „	=
9 „	8 „	=
7 Mon.	4 Tg.	= ? Tg.
10 „	18 „	=
4 „	25 „	=
4 Jhr.	7 Wch.	= ? Wch.
2 „	20 „	=
5 „	30 „	=

5)

4 Wch.	6 Tg.	= ? Tg.
6 „	4 „	=
9 „	3 „	=
3 Tg.	10 Std.	= ? Std.
6 „	15 „	=
8 „	22 „	=
5 Std.	40 Min.	= ? Min.
7 „	58 „	=
9 „	6 „	=

6)

3 Min.	20 Sk.	= ? Sk.
9 Tg.	18 Std.	= ? Std.
10 Jhr.	10 Mon.	= ? Mon.
8 Wch.	5 Tg.	= ? Tg.
6 Min.	59 Sek.	= ? Sk.
3 Std.	10 Min.	= ? Min.
18 Mon.	15 Tg.	= ? Tg.
2 Jhr.	70 Tg.	= ? Tg.
10 Wch.	3 Tg.	= ? Tg.

7)

1 m	= ? cm	
8	„	=
15	„	=
1 cm	= ? mm	
19	„	=
75	„	=
106	„	=

8)

1 km	= ? m	
5	„	=
13	„	=
65	„	=
107	„	=
215	„	=
986	„	=

9)

1 qkm	= ? ha	
7	„	=
54	„	=
1 ha	= ? a	
25	„	=
316	„	=
532	„	=

10)

1 a	= ? qm	
46	„	=
211	„	=
1 qm	= ? qcm	
4	„	=
1 qcm	= ? qmm	
153	„	=

11)

1 cbm	= ? ccm	
4	„	=
7	„	=
1 ccm	= ? cmm	
15	„	=
1 hl	= ? l	
378	„	=

1) 1 g = ? mg	2) 5 cm 8 mm = ? mm
207 „ =	13 „ 4 „ =
1 kg = ? g	4 km 47 m = ? m
18 „ =	7 „ 255 „ =
1 t = ? kg	15 ha 68 a = ? a
9 „ =	33 „ 7 „ =
127 „ =	82 kg 815 g = ? g

---

b. Schriftliche Übungen.

Beispiele:

1) 287 Grs. 85 Stck. = ? Stck.

287 · 144
28 7··
11 48
1 148
41 328 Stck.
85 „
= 41 413 „

2) 13 Jhr. 5 Mon. 6 Tg. 13 Std. 45 Min. = ? Min.

13 Jhr. · 12 + 5 Mon.
161 Mon. · 30 + 6 Tg.
4 836 Tg. · 24 + 13 Std.
116 077 Std. · 60 + 45 Min.
= 6 964 665 Min.

3) 308 Grs. 17 Stck. = ? Stck.	8) 29 Grs. 7 Dtz. = ? Dtz.
4) 459 „ 120 „ =	9) 87 „ 4 „ =
5) 784 „ 64 „ =	10) 114 „ 8 „ =
6) 279 „ 37 „ =	11) 257 „ 1 „ =
7) 832 „ 125 „ =	12) 609 „ 11 „ =

13) 17 Grs. 5 Dtz. 9 Stck. = ? Stck.
14) 94 „ 7 „ 10 „ =
15) 105 „ 11 „ 4 „ =
16) 218 „ 8 „ 2 „ =
17) 432 „ 3 „ 5 „ =

1)	85 Schck.	45 Stck.	= ? Stck.	
2)	97 „	8 „	=	
3)	215 „	53 „	=	
4)	764 „	32 „	=	
5)	529 „	6 „	=	

6)	18 Schck.	2 Mdl.	12 Stck.	= ? Stck.
7)	64 „	1 „	7 „	=
8)	83 „	3 „	10 „	=
9)	117 „	2 „	8 „	=
10)	286 „	1 „	4 „	=

11)	21 Bll.	5 Rs.	8 Bch.	= ? Bch.
12)	34 „	9 „	2 „	=
13)	87 „	3 „	4 „	=
14)	123 „	8 „	9 „	=
15)	465 „	4 „	6 „	=

16)	9 Rs.	2 Bch.	23 Bg.	= ? Bg.
17)	4 „	8 „	13 „	=
18)	7 „	5 „	9 „	=
19)	2 „	7 „	20 „	=
20)	8 „	9 „	5 „	=
21)	6 „	3 „	21 „	=

22)	17 Bll.	8 Rs.	7 Bch.	13 Bg.	= ? Bg.
23)	23 „	4 „	8 „	9 „	=
24)	18 „	2 „	5 „	20 „	=
25)	35 „	9 „	7 „	5 „	=
26)	9 „	3 „	4 „	22 „	=
27)	16 „	7 „	9 „	7 „	=

28)	12 Jhr.	3 Mon.	17 Tg.	= ? Tg.
29)	25 „	10 „	25 „	=
30)	18 „	4 „	6 „	=
31)	36 „	8 „	14 „	=
32)	41 „	11 „	27 „	=

33)	8 Jhr.	46 Wch.	= ? Wch.
34)	15 „	7 „	=
35)	23 „	18 „	=
36)	34 „	9 „	=
37)	45 „	50 „	=

1)	3 Jhr.	214 Tg.	16 Std.	= ? Std.
2)	7 „	105 „	12 „	=
3)	10 „	17 „	9 „	=
4)	18 Tg.	20 Std.	35 Min.	= ? Min.
5)	24 „	8 „	54 „	=
6)	28 „	21 „	7 „	=
7)	9 Std.	46 Min.	13 Sk.	= ? Sk.
8)	13 „	58 „	58 „	=
9)	18 „	32 „	25 „	=

10) 37 Jhr. = ? Std.	12) 62 Tg. = ? Sk.	14) 48 Wch. = ? Min.
11) 100 „ =	13) 120 „ =	15) 51 „ =

16)	9 Jhr.	7 Mon.	15 Tg.	8 Std.	13 Min.	= ? Min.
17)	12 „	4 „	24 „	10 „	42 „	=
18)	16 „	10 „	9 „	21 „	58 „	=

2. Reduzieren*).

a. Mündliche Übungen.

19) 100 ₰ = ? M	20) 307 ₰ = ? M u. ₰	21) 895 ₰ = ? M u. ₰
300 „ =	440 „ =	1 607 „ =
700 „ =	475 „ =	1 428 „ =
400 „ =	507 „ =	2 914 „ =
800 „ =	570 „ =	2 336 „ =
1 000 „ =	609 „ =	4 811 „ =
1 400 „ =	615 „ =	5 070 „ =
3 700 „ =	688 „ =	8 109 „ =
2 400 „ =	708 „ =	7 235 „ =
5 200 „ =	718 „ =	9 460 „ =

22) 96 Dtz. = ? Grs. u. Dtz.	23) 72 Stck. = ? Dtz. u. Stck.
120 „ =	45 „ =
192 „ =	108 „ =
75 „ =	94 „ =
104 „ =	122 „ =
150 „ =	136 „ =

24) 36 Mdl. = ? Schck. u. Mdl.	25) 50 Stck. = ? Mdl. u. Stck.
48 „ =	82 „ =
53 „ =	120 „ =
76 „ =	136 „ =
95 „ =	70 „ =
100 „ =	142 „ =

*) Reduzieren heißt: Niedere Sorten auf höhere zurückführen.

1) 190 Stck. = ? Schck. u. Stck.
82 " =
145 " =
360 " =
200 " =
435 " =

2) 17 Rs. = ? Bll. u. Rs.
85 " =
140 " =
268 " =
314 " =
427 " =

3) 85 Bch. = ? Rs. u. Bch.
140 " =
176 " =
212 " =
238 " =
159 " =

4) 260 Bg. = ? Bch. u. Bg.
194 " =
102 " =
333 " =
420 " =
644 " =

5) 7 850 Bg. = ? Rs. u. Bg.
15 000 " =
23 813 " =
65 424 " =
31 008 " =
77 400 " =

6) 18 Mon. = ? Jhr. u. Mon.
23 " =
44 " =
60 " =
105 " =
120 " =

7) 70 Tg. = ? Mon. u. Tg.
90 " =
140 " =
186 " =
214 " =
250 " =

8) 65 Wch. = ? Jhr. u. Wch.
82 " =
100 " =
156 " =
190 " =
204 " =

9) 13 Tg. = ? Wch. u. Tg.
35 " =
48 " =
69 " =
87 " =
116 " =

10) 40 Std. = ? Tg. u. Std.
72 " =
93 " =
106 " =
124 " =
246 " =

11) 80 Min. = ? Std. u. Min.
130 " =
155 " =
206 " =
248 " =
300 " =

12) 95 Sk. = ? Min. u. Sk.
128 " =
174 " =
200 " =
265 " =
324 " =

13) 1 187 Bg. = ? Rs. u. Bg.
237 Min. = ? Std. u. Min.
180 Stck. = ? Dtz. u. Stck.
96 Tg. = ? Wch. u. Tg.
340 Bch. = ? Rs. u. Bch.
57 Std. = ? Tg. u. Std.
128 Stck. = ? Mdl. u. Stck.
264 Mon. = ? Jhr. u. Mon.

14) 95 Dtz. = ? Grs. u. Dtz.
378 Sk. = ? Min. u. Sk.
400 Stck. = ? Schck. u. Stck.
57 Tg. = ? Wch. u. Tg.
417 Min. = ? Std. u. Min.
195 Tg. = ? Mon. u. Tg.
205 Stck. = ? Dtz. u. Stck.
126 Sk. = ? Min. u. Sk.

1) 400 cm = ? m u. cm
708 „ =
800 mm = ? cm u. mm
256 „ =
3 000 m = ? km u. m
17 015 „ =

2) 257 qm = ? a u. qm
508 „ =
717 a = ? ha u. a
1 060 „ =
403 ha = ? qkm u. ha
2 855 „ =

3) 7 518 cmm = ? ccm u. cmm
25 800 „ =
80 090 „ =
515 l = ? hl u. l
2 705 „ =
35 421 „ =

4) 2 440 g = ? kg u. g
8 056 „ =
1 942 mg = ? g u. mg
93 578 „ =
6 520 kg = ? t u. kg
74 001 „ =

Schriftliche Übungen.

Beispiele:

1) 2 719 Stck. = ? Schck., Mdl. u. Stck.

2 719 Stck. : 15 = 181 Mdl. : 4 = 45 Schck.
1 21 | 21
19 | 1 Mdl.
4 Stck.

= 45 Schck. 1 Mdl. 4 Stck.

2) 156 719 Std. = ? Jhr., Mon. Tg. u. Std.

156 719 Std. : 24 = 6 529 Tg. : 30 = 217 Mon. : 12 = 18 Jhr.
12 7 | 52 | 97
71 | 229 | 1 Mon.
239 | 19 Tg.
23 Std.

= 18 Jhr. 1 Mon. 19 Tg. 23 Std.

5) 428 Dtz. = ? Grs. u. Dtz.
6) 789 „ =
7) 875 „ =
8) 1 280 „ =
9) 2 566 „ =
10) 6 039 „ =

11) 704 Stck. = ? Grs. u. Stck.
12) 813 „ =
13) 675 „ =
14) 918 „ =
15) 1 026 „ =
16) 2 579 „ =

1) 148 Stck. = ? Dtz. u. Stck.
2) 265 " =
3) 788 " =
4) 1 036 " =
5) 2 583 " =
6) 7 948 " =

7) 188 Stck. = ? Grs., Dtz. u. Stck.
8) 743 " =
9) 928 " =
10) 1 637 " =
11) 2 803 " =
12) 5 799 " =

13) 277 Stck. = ? Schck. u. Stck.
14) 823 " =
15) 2 746 " =
16) 7 908 " =
17) 10 522 " =
18) 129 313 " =

19) 119 Stck. = ? Schck., Mdl. u. Stck.
20) 368 " =
21) 574 " =
22) 935 " =
23) 2 784 " =
24) 5 631 " =

25) 782 Tg. = ? Jhr. u. Tg.
26) 958 " =
27) 1 176 " =
28) 1 380 " =
29) 25 926 " =
30) 86 807 " =

31) 315 Tg. = ? Wch. u. Tg.
32) 452 " =
33) 711 " =
34) 386 " =
35) 235 " =
36) 1 842 " =

37) 543 Min. = ? Std. u. Min.
38) 765 " =
39) 1 344 " =
40) 893 " =
41) 2 615 " =
42) 13 378 " =

43) 4 816 Min. = ? Tg. Std. u. Min.
44) 7 059 " =
45) 8 238 " =
46) 14 562 " =
47) 83 777 " =

1) 97 823 Std. = ? Jhr., Mon., Tg. u. Std.
2) 108 416 „ =
3) 173 651 „ =
4) 249 326 „ =
5) 886 420 „ =
6) 367 342 „ =

7) 7 643 812 Min. = ? Jhr., Mon., Tg., Std. u. Min.
8) 6 048 174 „ =
9) 8 242 513 „ =
10) 9 600 428 „ =
11) 896 717 „ =
12) 1 804 206 „ =

13) 49 825 Stck. = ? Grs., Dtz. u. Stck.
14) 49 825 Stck. = ? Schck. u. Stck.
15) 250 340 Min. = ? Tg., Std., u. Min.
16) 458 236 Std. = ? Jhr., Mon., Tg. u. Std.
17) 982 456 Stck. = ? Grs., Dtz. u. Stck.
18) 670 300 Tg. = ? Jhr., Mon. u. Tg.

19) 570 200 Stck. = ? Schck., Mdl. u. Stck.
20) 500 000 Min. = ? Tg., Std. u. Min.
21) 358 956 Stck. = ? Grs. u. Stck.
22) 829 404 Stck. = ? Schck. u. Stck.
23) 700 800 Tg. = ? Jhr., Mon. u. Tg.
24) 246 804 Std. = ? Mon., Tg. u. Std.

25) 280 406 Stck. = ? Grs., Dtz. u. Stck.
26) 428 367 Min. = ? Tg., Std. u. Min.
27) 706 800 Stck. = ? Schck., Mdl. u. Stck.
28) 948 261 Std. = ? Mon., Tg. u. Std.
29) 1 460 840 Std. = ? Jhr., Tg. u. Std.
30) 2 735 452 Tg. = ? Jhr., Mon. u. Tg.

FSC
www.fsc.org
MIX
Papier | Fördert gute Waldnutzung
FSC® C083411

Kolibri 360 GmbH
Ferdinand-Jühlke-Straße 7
99095 Erfurt, Deutschland
produktsicherheit@kolibri360.de